中国书籍文库

China Books Library

汇集优秀原创学术论著
推动科研成果转化交流

U0730799

知识创新思维学

ZhiShi ChuangXin SiWeiXue

刘卫平 著

中国书籍出版社

China Book Press

图书在版编目(CIP)数据

知识创新思维学/刘卫平著. —北京:中国书籍出版社,
2012.9

ISBN 978-7-5068-3082-9

Ⅰ.①知… Ⅱ.①刘… Ⅲ.①创造思维学—研究
Ⅳ.①B804.4

中国版本图书馆 CIP 数据核字(2012)第 206333 号

责任编辑/ 李立云
责任印制/ 孙马飞 张智勇
封面设计/ 中联学林
出版发行/ 中国书籍出版社
  地 址:北京市丰台区三路居路 97 号(邮编:100073)
  电 话:(010)52257143(总编室) (010)52257153(发行部)
  电子邮箱:chinabp@ vip. sina. com
经 销/ 全国新华书店
印 刷/ 三河市华东印刷有限公司
开 本/ 710 毫米×1000 毫米 1/16
印 张/ 14
字 数/ 252 千字
版 次/ 2013 年 1 月第 1 版 2014 年 10 月第 2 次印刷
书 号/ ISBN 978-7-5068-3082-9
定 价/ 42.00 元

目 录
CONTENTS

第一章

绪　论

　　当今时代可以说已进入了知识经济的时代。或者说，人类的历史经过了农业经济时代和工业时代，正朝着知识经济时代进发。"当今世界，科学技术突飞猛进，知识经济已见端倪，国力竞争日趋激烈"①。知识经济时代是一个以知识为基础，并以知识创新为特征的社会经济时代。即是说知识创新是未来社会发展的根本特征和重要动力，也是人在未来社会中必然具有的生存活动方式。因此，人作为有理想的积极能动的存在物，必然会关注自身未来社会的生存状态，必然会以不同的形式来探讨知识创新这一重要话题。这是因为，正如江泽民所指出的，"知识经济、创新意义对于我们 21 世纪的发展至关重要"②。而系统论告诉我们，任何事物存在本质上必然是一种系统的存在。人类的知识创新活动本质上也是一种系统活动。不仅如此，人类知识创新活动的内在本质与核心是其思维活动。在此，我们很有必要从系统思维这一独特视角对知识创新这种社会活动进行一番分析与探讨。

第一节　系统思维是知识创新研究的重要视域

　　人类认识活动的历史表明，同一个认识对象可以从不同的角度或视

---

① 江泽民：在 1995 年全国科技大会上的讲话，全国科技大会文集，1995 年。
② 江泽民：论中国特色社会主义（专题摘编），中央文献出版社 2002 年版，第 238 页。

角进行考察。这种对同一认识对象进行多视域的考察，有利于我们更全面、更准确地把握对象的本质及其变化发展规律，这也是我们人类科学认识活动的必然行为。事物的存在及其发展的本质是在事物的相互关系中展开的。或者说，事物对象的存在及其发展本质就是在事物多重相互关系域中得以凸现的。因此，事物的多重关系实际上构成了我们科学认识事物对象的客观的前提条件或视域。不难理解，对同一认识对象的不同方面或多方面的探讨，无疑有助于我们更好地理解事物对象。

在现代系统看来，任何事物的存在本质上都是系统的存在。随着人类社会活动的日益发展，其活动的系统特性会越来越得以凸现。知识创新作为一个复杂的社会系统工程——关于它的范畴考察，我们将在后面予以专门分析——无疑会具有多方面的社会意义，因而为我们的理论分析提供了多重认识空间或认识视域。这就是说，我们对知识创新不仅可以进行经济学的分析、管理学的分析、科技哲学的分析、还可以进行社会学的分析、哲学认识论的分析等等，更可以进行系统论和思维学的分析。这些不同的认识角度或途径构成了对知识创新这一特定问题的整体考察，显然有助于我们对知识创新这一问题的全面深入把握。其中每一个方面或途径都是其不可或缺的必要的认识环节，都具有积极的认识论意义。据我们所知，知识创新作为在我国近年来才开始兴起的研究话题，主要限于对其进行科学技术层面和管理体制层面的分析，而立足于哲学高度从系统论和思维学层面进行深度分析的则并不多见，这不能不说是一种缺陷。而我们从系统思维这一独特视角对知识创新的社会活动进行考察，就是综合了系统论与思维学这两种学科的优势进行整体性综合研究。这无疑属于力图拓展知识创新研究视域，丰富知识创新研究体系的一种新的尝试。

我们认为，对知识创新进行系统思维论的考察与研究是很有必要的。之所以要从系统思维论这一特殊视角来对知识创新进行考察，这主要是由以下几个方面来规定的。

一、知识创新活动的自身本质

我们之所以对知识创新活动进行系统思维的研究，这是由知识创新社会活动自身具有的系统性质和思维性质这两个方面的本质所决定的。我们可以从以下方面来进行具体分析。

1. 知识创新活动本质上是一种复杂的系统过程。知识创新作为人类社会活动的高级形式，实际上也就是一种高级复杂的社会系统活动过程。在现代系统论看来，任何事物的存在都是一种系统的存在，人类社会活动也不例外。它是由知识创新的主体、客体及其中介等多层面要素包括主体的人、机构、制度等要素所组成的高级复杂社会活动过程。它具有知识创新系统的开放性、层次性、构成的整体性和特定功能性等系统的本质与特征。因此，我们对于知识创新的社会活动进行拓展研究和深度分析，必须对之进行系统论的考察。这是由我们研究对象本质所必然决定的基本前提。如果我们没有从系统论的角度对知识创新活动进行分析，就不可能真正把握知识创新活动这一研究对象的本质，也就不可能真正把握知识创新活动的内在规律。因此，我们要拓展知识创新活动的研究视域，对之进行深化研究，必然要从系统论角度对之进行思考与分析。

2. 知识创新的内在本质与核心是系统思维创新的过程。或者说，知识创新从本质上来说就是其系统思维创新的社会活动表现，因而必然具有系统思维考察与研究的必要性。人是能思维的存在物。人的一切行为必然具有思维活动的根据，都是在特定的思维观念的指导下进行的。或者说，人的一切社会活动包括人的创新活动都外在地表现了人的内在的思维活动，因而都可以对其进行思维学意义上的考察与分析。知识创新的核心是思维创新，它离不开人的创新思维。没有人的创新思维过程，也就不可能形成知识创新的社会活动。虽然知识创新作为一个复杂的社会系统工程，其层次构成可以做不同的多层次划分，诸如科研机构、企业、制度、组织、部门等层次的划分，但从本质上讲，它必然包含着人这一特殊主体。活动着的人就成为了知识创新这一复杂社会系统工程中的真正主体。知识创新并不是与人无关的盲目自然的过程。它是通过人并为了人而不断生成演化的社会系统。离开了人的主体活动，知识创新就不可能发生。而人正是通过自己的思维活动来展开现实的社会活动的，也是通过自己的思维创新来开展知识创新活动的。人的思维创新实际上就构成了知识创新社会系统活动的内在本质、核心层面和内在的发展动力。知识创新从某种意义上说，不过是以社会活动的外在形式表现或展示了人的思维创新活动，或者说，知识创新作为社会活动形式就是人的思维创新的外化和物化形式。如前所述，知识创新社会活动本身又是一种系统化的活动过程。因而不难理解，知识创新社会活动从思维学角度来看，它本质就是一种系统思维创新活动过程。或者说，知识创新社会活动的内在本质与核心是系统思维创新过程。

因此，综上所述，我们研究知识创新社会活动必须要把握它自身活动的系统性与思维性这两个方面的本质特性，或者说，我们在深入研究知识创新社会活动时，必须从系统论和系统学这两个角度进行综合研究。这也就是说，对知识创新社会活动进行系统思维论研究是很有必要的，这有利于我们从深层次上深刻地把握知识创新社会活动系统的内在本质及其发展规律。

二、思维学自身发展的必然逻辑

如前所述，知识创新与思维创新有着内在的必然联系，知识创新的核心是系统思维创新。就我国来说，开始于上个世纪70年代末的思维科学研究起步较晚，从某种意义上说还属于一门新兴学科，还需要不断开拓与深化其研究领域。就我国思维科学研究历史的发展过程来讲，大约经历了两个阶段：第一阶段从上个世纪70年代末到90年代初，主要介绍国外有关思维科学研究状况和从宏观角度对人的思维活动方式做一般形态的分析与探讨，诸如探讨人的思维活动方式的要素、功能、变革、历史形态以及中西思维方式的异同，等等。第二分阶段则从上个世纪90年代初到现在，主要从个体的微观角度对人的思维活动形态进行了深入分析，诸如探讨了抽象逻辑思维、形象思维、灵感思维、非逻辑思维和意象思维甚至特异思维，等等；特别是对创造性思维活动及其创造教育活动的研究给予了积极的关注，取得了丰富的成果。经过这两个阶段的发展，在我国，思维科学研究逐渐体现了以下研究趋势或转向：即从一般向个别、从宏观向微观、从抽象的理论层面向具体的实践活动包括其教育实践活动等方面的深化与转向。这一趋势与转向也表明了思维学研究领域也越来越细化、越来越具体。其中，系统思维成为现代社会人们研究的重要范式。应该说，这是一种很好的研究态势，体现了科学研究自身发展的逻辑规律。人的思维活动本质上绝不是抽象空洞或静止僵化的，而是生动具体的和开放发展的。它总是在人的具体活动过程中生成变化的。恩格斯说得好，"人的思维的最本质的和最切近的基础，正是人所引起的自然界的变化，而不仅仅是自然界本身；人在怎样的程度上学会改变自然界，人的智力就在怎样的程度上发展起来"①。从某种意义上说，人的思维就是一种活动中的思维，实践的思维。离开了人的具体实践活动来谈论思维活动是毫无意义的事情。因此，超出自身的抽象僵化而封闭的限制，与具体的实践活动相结合，对人的思维活动进行深入具体分析，或者说，深入探讨人的具体实践活动的思维层面或思维核心，这是思维科学自身研究所必然发展的趋势和内在的逻辑要求。知识创新作为我国近年来确定的重要战略决策，无疑成为我国当代社会所共同关注的重大活动。它"对于我们21世纪的生存发展至关重要"。因此，对知识创新这一重要社会活动理应成为众多社会科学所必须关注的重要对象。而思维科学，特别是创造性思维学，更应该关注知识创新这一领域的深刻研究。如前所述，知识创新的核心在于系统思维创新。从某种意义上说，只有从系统思维学角度才能真正深刻地揭示知

---

① 《马克思恩格斯选集》第4卷（第2版），第329页。

识创新社会活动内在的特殊本质。或者说，仅仅从一般思维学角度对知识创新进行研究，很难满足现代社会人们的研究需要。现代系统思维学研究不同于传统的一般思维学研究，它逐渐摆脱了过去那种抽象单一和僵化的研究状态而深入到社会系统活动中进行建构性的系统思维考察；逐渐超出了过去那种个体的封闭僵化的研究视域而深入到广阔的社会实践活动视域进行系统深刻的社会学思考。因此，不难理解，从系统思维学角度来分析与探讨知识创新，不仅有利于更深刻地揭示知识创新系统活动内在的特殊本质；更有利于思维科学自身研究范式的转换，即从抽象的孤立的一般思维向系统的整体性思维转换，从而有利于思维科学真正向生活对象的走入，实现自身研究的使命和范式的革命。因此，对知识创新进行系统思维学的分析与探讨，这也是思维科学自身发展的内在要求或逻辑必然。

第二节　知识创新新思维研究方法原则

"工欲善其事，必先利其器"。任何学科的研究活动，无论是从哪个角度或方面研究，都必然有其特定的研究活动的方法论原则。这是从事任何学科研究活动的基本前提。它直接关系到研究工作能否沿着正确的方向进行，以取得预期的最佳研究成果。知识创新的系统思维论研究也不例外。

从某种意义上说，研究方法就是我们分析问题、探求事物内在本质及其发展规律的思维工具。它作为我们主体分析的思维工具，在主客体关系中是作为中介系统的地位而出现的，必然具有自身规定性：即一方面它必须体现和适应主体研究的需要与目的；另一方面它又必须适应和符合客体运动过程的实际。就后者来说，这实际上就是确立研究方法论原则的客观依据问题。或者说，研究方法从根本上来说，是由其研究对象的本质及其特点所决定的。只有这样才能深入到客体中，揭开客体的本质、把主客体联系起来，实现由此达彼的认知目的。

笔者认为，对知识创新进行系统思维论研究，除了运用一般的分析与综合、归结与演绎等哲学研究方法以外，更重要的是要坚持现代系统科学研究方法论的基本原则。具体说来就是。

一、现代系统论方法

如前所述，知识创新活动的核心层面是思维创新活动。而知识创新的思维活动必然是一个社会化系统活动过程即社会系统思维。因此，对知识创新的思维活动进行研究必须坚持系统论方法论原则。具体说来，就是要坚持以下几个主要的具体的系统论一般方法论原则：第一，整全性原则。就是说，我们在分析中必须把知识创新思维活动作为一个有机的整体来看待，而不能把它分割为几个孤立的毫不相关的片断进行研究，只有这样才能揭示知识社会创新思维活动的整体发展的内在本质。第二，相关性原则。这就是说，知识创新的社会思维活动作为一个有机整体，其各层面、各方面、各部分和各环节必然存在着内在的有机联系。因此，在研究中，我们必须以联系的观点去把握知识创新社会思维活动过程中的各层面、各部分和各环节的内在的必然联系，从而全面深刻地揭示知识创新社会思维活动发展的内在本质。第三，动态性与开放性原则。这就是说，知识创新的社会思维活动作为一个系统的存在绝不会是静止僵化而封闭不变的。相反，它应该是一个不断变化发展的开放性系统，是一个充满创造活力与激情的过程。从某种意义来说，创新的本质就在于变化与开放。失去变化与开放特性的事物必然是僵化与死亡的事物。因此，我们要以运动变化发展的开放性观点去分析和把握知识创新的社会思维活动过程，从而深刻地揭示其变化发展的规律性。

二、科学的黑箱原理方法

黑箱原理方法本质上也是属于现代系统论的研究方法范畴。它是同控制论、信息论方法密切相关的一种现代系统科学研究方法。所谓黑箱，简单地说就是指其系统内部活动结构不能直接打开或观察到的认识对象。人的思维作为人脑活动的机能，是活生生的人脑功能活动，因而是无法直接观察到其内部活动状况的神秘对象。黑箱原理方法的特点就是在不"打开"或不需要直接观察系统内部结构的前提下，依据系统对象与环境在相互作用过程中所体现出来的功能变化特点，来达到对系统对象的内部结构的把握。知识创新作为一种思维活动，无疑属于一种发生在主体人脑内部活动中的黑箱系统对象。但它又可以通过一定的社会活动外在功能形式表现出来。无论是个体思维创新还是群体思维创新，我们都无法对其内部结构进行直接的观察，但可以运用黑箱原理的方法，通过一定方式对其知识创新的社会思维活动形式系统施加影响，进行调控，来观察和分析其所表现出来的功能特点，从而达到对其思维创新内在运动的把握。应该说，这也不失为一种研究知识创新思维活动的重要方法。

三、信息论和自组织论原理方法

同样，信息论和自组织论原理方法本质上也属于现代系统论方法范畴。任何系统都是通过其信息的运动来维持其存在和发展的。从信息论的意义上说，知识创新的社会思维活动无疑是一个其诸方面的思维信息不断交汇、碰撞、重组而创新发展的思维系统运动，或者说，属于社会思维风暴运动过程。在这种思维风暴创新过程中，每一个知识创新主体都必然发生着不断接受思维信息、理解思维信息和变换组合思维诸信息的客观运动，因而如后所述，必然会形成思维信息运动所特有的自组织运动的机制与条件。因此，我们要运用信息论的方法和自组织论原理对知识创新的社会思维活动进行考察，从而深刻地把握其知识创新活动的思维信息运动的发展本质。

四、理论与实际相结合方法

这也是我们在研究中必须加以注意的问题。即是说，要把理论研究与实践检验结合起来。理论研究固然是很重要的，但必须与实践相结合。否则就会陷入主观臆测、流入空洞形式的泥坑。任何处在知识创新活动中的主体的创新思维活动展开，是一个其创新实践能力实际发挥的过程，必然体现为具体的创新实践行为，在其实践中找到表征。或者说，从其知识创新实践过程中可以观察和把握其创新思维活动的程度与水平。因此，在分析知识创新思维活动中，还应该重视对主体的创新实践行为的考察，特别是要注意开展培养和开发主体创新智力的教育或培训的实践工作。

总言之，知识创新的社会思维活动是一个高度复杂的社会系统工程。我们对其研究任务是十分艰巨的，需要确立科学的系统论研究方法基本原则，对其进行多视角的综合深度研究。基于这种认识，笔者在本书中依据确定的研究方法论原则，对知识创新的社会系统思维活动做出自己的理解与分析，以求教于大方。

第三节 本书的基本结构

本书在对知识和知识创新这两个基本概念进行范畴考察的基础之上，以知识创新的个体思维活动与群体思维活动及其相互整合为逻辑主线来展开分析，将全书内容分为以下几个基本的组成部分：

首先，系统地分析了知识创新思维的心理基础及其个体思维系统活动的基本要素、具体形式及其活动思维机制与特点。因为，知识创新作为主体的思维活动过程总是建立在特定的心理活动功能基础之上的。没有特定的创新心理活动就不可能形成特定的知识创新思维活动过程。而知识创新的社会系统思维活动又总是从其个体系统思维创新活动开始的。不言而喻，关于知识创新思维活动的个体系统思维的理论探讨必然成为我们本书分析的逻辑起点。而且，从某种意义上说，知识创新的个体系统思维活动也是知识创新社会系统活动的重要的思维形态或方面，因此，我们对其进行了较系统而深入的分析，从而构成了本书的一个重要的部分。

其次，系统地分析了知识创新的群体思维系统活动的基本要素、特征及其运动机制。众所周知，知识创新从本质上来说，是一项社会系统活动，因而知识创新的群体思维活动本身就是一种系统化过程。它必然成为了知识创新系统思维活动的主体层次。从某种意义上说，探讨知识创新思维活动的意义就在于对其群体思维创新系统活动进行系统而深入的分析。因此，不难理解，我们在本书中对知识创新的群体思维活动的系统而深入的分析就成为了本书构成中的很重要的组成部分。

再次，以知识创新的个体系统思维与群体系统思维活动的内在整合为主线，从其系统纵向发展的历史维度，系统地分析了知识创新作为社会思维活动系统自身发展的基本阶段、内在机制及其辩证关系和发展规律。现实地来说，知识创新的社会思维活动过程并不是其个体思维创新与群体思维创新相互割裂、相互独立而分化的过程。相反，它实际是其个体创新思维与群体创新思维相互内在整合而统一发展的系统化过程。其变化发展的过程必然存在着自身系统发展的阶段性、机制及其发展规律，等等。因此，我们对知识创新社会系统思维活动发展过程的系统而深入的分析也必然构成了本书的重要组成部分。

最后，从自组织角度对知识创新社会系统思维活动的自身组织性机制与条件及其特征进行了较系统而深入的分析。知识创新思维活动作为一项复杂的社会信息系统运动过程，必然存在着自身系统运动的自组织特性。因此，对知识创新思维系统活动的自组织性分析也构成了本书内容的重要组成部分。

　　以上几个部分存在着内在的相互联系，从而构成了本书的有机整体。

第二章

知识与知识创新的范畴考察

众所周知，同样的命题或概念在不同的语境中其内涵的意义是会有所差异的。同样的研究对象，对于不同学科研究来说，其凸现的意义也会有所不同。不言而喻，在我们的论域中，知识与知识创新无疑是一对核心范畴，它贯穿于我们讨论研究活动之始终。我们认为，对这一对核心范畴进行一番学理上的梳理与考察，从而确定其不同学科的全面意义，这对于我们展开深入系统的论题分析应该说是不无益处的。因此，我们认为，有必要首先对这一对核心范畴进行分析。

从最一般的规定来说，知识无疑是作为人们认识活动的过程及其结果而存在的，是人脑所特有的功能属性。茫茫宇宙，只有人因为具有知识而优胜于其他存在物。或者说，人是因为能具有知识而能生存于世界并创造世界的。知识是人作为人而具有的特性。从世界存在意义上来说，有了人才有了知识。知识是伴随人的产生而形成的现象。当然，也伴随着人的发展而发展的。

但知识自身作为人的认识对象而在不同时代被人所反思时会有不同的意义规定性。或者说，在人类的不同时代会有不同的知识观。即是在同一时代，由于不同的认识视域或角度，也会有对知识的不同理解。这些不同时代或同一时代对知识范畴的不同理解，主要表现在对知识的来源、形式或形态、层次、内涵及其本质等方面。直言之，知识是一个意义非常丰富的范畴，我们认为有必要对之进行一番考察。

第一节 知识范畴的历史考察

自从人有了知识以来，人作为具有自我意识的能动性存在物，便对知识范畴进行了对象性的考察，从而形成了对知识范畴认识的历史过程。对这种知识认识的历史过程，我们可以分为以下基本阶段或形态。

一、认识论考察

这主要是指古代以来人们从人的认识来源、认识能力和认识过程对知识的传统考察。这种知识的认识论考察用康德的话说，就是研究有关认识的"起源、范围及其客观有效性"。或者说，是从人的认识能力和认识过程来探讨知识的形成及其本质的。实际上，在这种视域意义上所讲的知识，也就是指认识。在这里，知识与认识是同一范畴。或者说，在这里，知识是作为人的一种认识能力、过程及其结果而存在的。这种认识论意义的知识是知识范畴最基本或最一般的经典含义。人们所说的知识就是指人类认识的成果，就是属于这种认识论意义的范畴。

从人的认识能力和认识过程的角度来考察知识的形成，就必然会形成认识论的不同理论主张。从认识来源来说，就形成了知识意义的唯物主义和唯心主义的不同理解。前者把知识的来源界定为客观事物本身，由此来确定知识的客观性与有效性；后者则把知识的来源确定为感觉或理念。具体就后者来说，又可以分为主观唯心主义知识论和客观唯心主义知识论。以人的主观感觉或理念为知识来源的属于主观唯心主义知识论；而以人之外的神秘理念为知识来源的则属于客观唯心主义知识论。如黑格尔的认识论就属于此列。而对人之外的神秘理念的认识又总是要以人的主观感觉为通道的，由此也表明了主观唯心主义与客观唯心主义的内在联系。人类的认识发展历史事实证明，唯心主义的知识论是错误的理论。从人的认识能力来考察知识的形成，即把有关知识的研究建立在人的感性与理性的基础之上，也会形成知识的经验主义与理性主义两种不同的理论主张。前者认为人的感觉才是知识形成的来源与本质；后者则认为人的理性才是知识形成的来源与本质。由此可见，认识论的知识观的内在范畴是人的感觉与理性及其相互关系。或者说，认识论的知识意义是以从人的认识过程中认识能力来确定的。因此，这种形态的知识论主要还是从认识的发生学意义上讲的，是从研究人的认识的起源和认识能力（感性与理性）来确定知识的普遍必然性与有效性及其认识的范围。"也正是由于这种认识理论的发生学性质，所以国内哲学界以往一般将 epistemology（知识论）称为'认识论'"①。而从这种认识论意义上来说，所谓知识就是人们认识客观事物的认识成果，或者说是对客观事物的现象与本质的反映。显然，这种意义上的知识正如我们如前所说，是与认识是同一范畴。但问题在于，知识真的与认识同一吗？实际上，细究起来，知识与认识显然还是不完全同一的范畴，二者是有差异的。首先，认识是一个复杂的过程，而知识则主要是作为认识的结果或成果而存在的。或者说，认识本质的更在于其过程，是一个动态范畴；而知识的本质则在于认识的结果，是作为认识的成果而存在的，具有范畴的静态性质。当然，知识也可以作为一个过程来考察，即认知的过程。而这正是从认识论的发生学意义上来确定知识的本质的。换言之，知识与认识同一。但从具体范畴意义上来说，知识与认识还是有差异的，即认识是一个涵义广泛的复杂过程，而知识则是作为认识的一个环节即认识的成果而存在的。其次，从知识的性质来说，它具有确定的性质即具有普遍的有效性，从认识论意义上来讲，是对客观事物及其规

---

① 陈嘉明：《知识与确证——当代知识论引论》，上海人民出版社 2003 年版，第 1 页。

律或本质的正确认识或反映。而认识作为一个过程来说，既可以是对客观事物的正确反映，也可以是错误的甚至是歪曲的反映。由此可见，知识与认识这两个范畴还是有差异的。后者是一个过程；前者实际上还包含着一个很重要问题，即知识何以为真的问题，或者说知识自身得以确定的问题。而这正是现代知识论得以出现并拓展知识论研究视域的根据。关于这一点，我们就在下面继续加以说明。然而，知识与认识范畴的差异并不妨碍人们从认识论的意义对知识进行研究。

二、知识论考察

在这里，作为与认识论考察相对而言的知识论，则主要是指从逻辑论意义上对知识本身之所以为真的诸条件问题的研究，即有关知识自身得以确证的问题研究。"我们可以从 1995 年出版的《剑桥哲学辞典》的定义中看出这一点。在那里，知识论被界定为有关'知识与确证性质的研究，特别地，有关（a）知识与确证的确定特征，（b）实质条件，以及（c）它们的界限的研究'"①。而在知识论发展过程中不难看出，从逻辑论意义上来探讨知识问题又是从传统认识论意义转化而来的。在上世纪 60 ～ 70 年代的哲学家那里，仍保留着较明显的近代认识论的影响。如齐硕姆以"我们认识什么？"与"我们如何确定我们是否认识"这两个传统的问题作为知识论的基本问题，而实际上可以说这直接就是康德的"我能够认识什么"的翻版。大致说来，20 世纪西方知识论的发展经历了三个基本阶段：一是逻辑经验论的基础主义阶段。它主要以罗素和维特根斯坦的逻辑原子主义与维也纳学派的逻辑经验主义为理论基础。它们有一个共同的特点，即都非常强调知识为逻辑的还原，共同表现为一种基础主义特征。例如，在逻辑经验主义看来，作为核心命题意义的证实问题，可以还原为观察语

---

① 陈嘉明：《知识与确证——当代知识论引论》，上海人民出版社 2003 年版，第 1 页。

言与协议语言如何能够被证实的问题；人们所具有的知识都是一种结构或大厦，而这一知识整体结构或大厦又是由其基础部分来支持的；而作为科学认识基础的观察语言是可靠的，人们的感性经验能够为命题的判定提供依据。二是反逻辑经验论的基础主义阶段。对逻辑经验主义的基础主义观念的批判，主要来自于日常语言哲学家。他们批判了逻辑经验主义的不可错性的观念，认为任何有关知觉经验的命题，都无法避免被驳斥的命运。值得注意的是，后期维特根斯坦提出一种"生活形式"的哲学来代替逻辑经验主义以科学经验为基础的哲学，以由历史积淀、文化背景等构成的生活形式所产生的习俗的"确定性"，来代替严格的逻辑的确定性，这就为知识论摆脱逻辑经验论的基础主义启示了新的思路，为分析哲学的新发展找到了路径，同时在对逻辑经验论的基础主义观念的批判过程中起到了重要作用。三是当代的分析知识论阶段。这个阶段可以说是以葛梯尔对传统知识的三元定义进行的挑战为转折点而开始的。从传统逻辑论意义上说，构成知识必须要有三个条件，即命题首先要是真的，其次认识者要相信它，再者认识者的信念必须得到确证。或者说，如果一信念是真的并得以确证，则它为知识。而葛梯尔则以反例提出，即便满足知识的真、确证与信念（即相信）这三个条件，确证的真信念也可能不是知识。围绕着葛梯尔问题的解决，出现了不同的理论观点，诸如内在主义与外在主义、还有语境主义，等等。内在主义则把确证看做是属于认识者内在的心灵活动，认为一信念的确证是，由它与认识者的其他信念或理由的相互关系来决定的，强调意识对于我们信念之间关系的内在把握。而外在主义则认为知识确证的因素不完全由主体的内在心灵活动因素决定，至少有一部分的因素是外在于认识者主体的。它力图走出主体单纯的内在意识之外去寻求问题确证的解释。而语境主义则强调要从语境的社会因素方面来寻找问题确证的可能性。在它看来，语境范畴主要是一个社会环境的概念，它们是根本的问题语境，决定着人们对确证的正当性之判定和认识主体的理解视域。从当代这些知识论研究变化发展来看，它深化了对传统的知识本体的分析与研究，拓展了视域与深度。它摆脱了对知识进行简单的来源与活动的认识论分析，而对知识本体自身构成的诸因素及其条件进行了具体的逻辑结构意义的分析。实际上已形成了对知识本体内部结构的多维向度的分析视域。而这种多维向度的分析路径，归结起来，又在于两个方面的意义向度，即注重于从主体的信念、意识、感觉、包括理性等来寻求知识确证的内倾性向度和开始转向主体之外的诸因素中寻求知识确证的根据的外倾性向度。前者表现于内在主义分析；后者表现于外在主义与语境主义分析中。当代知识论研究的发展事实也证明了这一点。从内在主义分析中逐渐衍生出"德性知识论"，用认知主体的内在规范性来理解信念，将主体的认识能力理解为理智德性，即获取真理性知识、避免错误的能力，强调了主体自身的理智德性在认知中作用。而从外在主义分析视域中衍生了"社会知识论"。这是一种从社会的视域中来研究知识问题的理论。它强调了社会关系、社会利益、社会作用和社会制度等因素对知识的形成与确证的影响。由以上不难看出，知识论的研究经历了由认识主体内在的逻辑经验逐渐拓展自身研究层面而转向主体之外的社会交往视域研究的趋向。这同时表明，对知识范畴的理解已摆脱了传统的单向层面的简单化，丰富了对知识的多维向度的理解与考察。换言之，我们完全有理由对知识这一范畴进行多种意义的界定。

三、知识的多维理解与分类

如上述内容所表明，知识这一范畴的内涵及其概念的确定是随着人类对知识的认识与研究的历史发展而不断发展的，或者说，对知识的范畴，我们可以进行多种意义的确定。归纳起来，对知识范畴的界定与理解，主要存在着以下几种基本向度与分类。

1. 从知识的来源与客体对象来看

知识简单地可以说是主体对客体对象的反映。细心的读者会不难看出，这种关于知识的定义是从认识论意义上来确定的，这也是人们对知识的最一般的哲学理解。这种界定规定了知识的来源及其认识的途径，即我们要形成知识只有来源于客体对象，在实践中对客体对象进行认识或反映。由于客体对象的性质或属性不同，可以将人们通过认识或反映所形成的知识分为不同的类型，如自然科学知识中的物理知识、生物知识、化学知识、天文知识和地理知识；社会科学知识的经济学知识、管理知识、思维科学知识、政治学知识，等等。这种知识的界定及其分类，很显然是从认识论的认识关系意义上，因为客体作为认识对象的不同性质或属性而进行规定的。这也是人们日常生活中对知识的最一般的理解与分类。

2. 从认识主体自身构成方面因素来看

知识可以说是认识主体的一种能力、技能或德性、信念，等等。关于知识的这种界定向度，显然是从认识者主体自身的内部因素来进行的，用我们前面的话来说，就是体现了内在主义的思维向度。其实，对知识的这种主体内在向度的规定，自古以来存在。许多哲学家都知道视为人的一种能力、一种人能够认识真理、把握事物本质的理性能力。有的哲学家甚至视它为人能够洞察或体悟事物本质的直觉能力。当然，这种对知识的内在主义向度的理解，难免容易导致唯心主义的理解。从一般的日常生活意义上来理解知识能力的话，主要是指"知"所具有的某种形式能力。如说"我知道吉他"，除了指我知道吉他为何物，是什么这一基本事实以外（即所谓命题知识，关于这一点我们将在后面会谈到），还可能会包含着更重要的深层意义：就是我懂得吉他，能够弹奏它，意味着认识主体已具有运用或操作吉他的技能。而关于知识的这种能力或技能的理解，在人们日常生活中是大量存在的。除此之外，还有对知识视为主体的道德能力的理解。早在苏格拉底那里就说过，知识就是一种德性，是一种能够完美人格、达到智慧的道德力量或能力。其他哲学家也都有这样的观点。还有哲学家则把知识理解为主体自身的一种信念、一种可以被证明的真信念。例如，柏拉图就说过，知识是证明了的真的信念。从这些关于知识的定义中不难看出一个共同的特征，那就是都从主体自身构成方面因素来寻求知识的根据，体现了内在主义的思维考察向度。这无疑也可以说是自古以来对知识定义的理解方式。按照这种理解方式，可以根据人的不同认识能力将知识分为不同类型，如感性知识与理性知识的划分。所谓感性知识就是直接通过人们感官，运用感觉与知觉能力来形成的知识。这种知识具有直接性和不确定性，属于认识阶段中的低级的经验知识；而理性知识则是来自于人们的理性能力，包括人的概念、判断与推理，它属于认识阶段的高级知识。这种对知识从主体自身因素进行内在主义分析的向度，对于深化和丰富人们对知识本体的理解，还是很有启示意义的。在现代社会，许多人认为知识本质上是人的思维信息的建构，就表明了从主体自身内在因素来界定知识的这一原则。

3. 从知识自身确定条件的逻辑向度来看

可以说知识是可以被证明为真的逻辑命题系统。知识无论是何种意义，它总是表现为一种命题语言形式的。而对知识的命题语言本体进行逻辑的分析就成为了判定知识的另一向度。关于知识的逻辑命题分析，最早可以追溯到柏拉图关于知识的古老定义。在他看来，知识之所以为知识必须满足"真"、"相信"和"证明"这三个基本条件。这也就是说，知识作为逻辑命题是由信念、真与确证这三个要素或条件所构成，用逻辑命题形式来表达，就是：

命题 P 是真的，

S 相信 P，

S 的相信 P 是经过证明的。

无论何种复杂的知识系统，在逻辑主义看来都可以还原为逻辑的命题结构，并符合这种知识的基本条件。当然，正如我们在前面所提到的，对这种知识的逻辑语言的分析，随着研究的发展逐渐走向了它的非逻辑性的反面，即反逻辑经验主义阶段，出现了外在主义、语境主义和社会知识论的分析。这种反逻辑主义分析表明了这样的一种趋势，即知识作为命题逻辑本体，其真的确证意义并不仅仅在于它自身的命题之间关系，同时也在于这种逻辑命题之外的社会环境因素包括社会的关系、人的交往境域和社会语境等因素的意义。显然这拓展了知识逻辑分析的视域，也丰富了人类对知识本质的多维分析。

在上面我们谈到了三种关于知识界定的向度，形式上看好像它们是相互对立和相互排斥的。其实，正如有的学者所指出的，这三者是完全可以统一综合起来的，它们是可以相互包含和包容的。这也就是说，知识作为主体对客体对象的认识或反映，无论是何种知识（包括感性知识还是理性知识），它总是会表现一种逻辑的命题语言形式，它既包含着主体的相信之信念、体现着或包含着主体自身的认知能力，也可以是能得到证明的。我们在本书中所提到的知识范畴，就是从综合的角度进行理解的。即把知识理解为一个多环节、多层面、多向度、多涵义的范畴，是一个内涵极为丰富和变化的概念。正是这样把知识理解为多变而丰富发展的范畴，才能从根本上揭示知识系统能够创新而发展的可能性与逻辑根据。

4. 从信息论意义上来看

知识也可以说是一种信息。知识是一种信息，这是现代社会的共识。信息虽然首先是作为一种通讯理论的范畴而出现的。但它的出现就具有了普遍意义。对信息的定义理解可以说有很多种，但最基本的理解是认为信息是一种携带或寓含着特定意义的数据或符号，它具有无形性、流动性、可分享性和增殖性等基本特性。从哲学意义上说，信息是物质的一种运动形式，是事物相互作用的运动方式。从哲学的认识论意义上说，它是人们认识活动得以展开的重要因素与运动方式。人们意是通过接受信息、理解信息并重组信息来展开自己认识活动的。离开了信息，人们的认识活动无法得以进行。知识从某种意义上说，也就是意义的凝结物，是寓含着特定意义的存在，也就是一种信息的存在。当然，知识的载体是多形式的，正如信息的载体多种多样一样。知识信息对于特定的认识主体来说，其意义就在于消除其认识过程的不确定性，或者说，是能带来其认识过程有序化程度的意义存在。学界依据信息论意义对知识也进行了不同的分类。例如，有的学者认为，"知识是指经过人的思维整理过的信息、数据、形象、意象……的其他符号化产物，分享的知识不仅包括可编码的明晰知识，也包括与个人的经历和背景密不可分的隐性知识"①。我们认为，从信息论意义来理解知识的本质及其特性，是很有意义的。信息的无形性、流动性、分享性与增殖性最本质地反映了知识的本质及其特性，换言之，知识也就是信息。我们在本书中所提到的知识在很多意义上就是从信息论角度来理解知识的，把知识视为一个在不断生产、传播、分享与使用的运动过程中得以增殖而丰富发展的开放性过程。只有这样，我们才能真正揭示知识创新发展的内在机制及其运动规律。

以上我们从不同角度分析了对知识范畴的不同理解。在此，我们认为，上述关于知识本质及其特性的不同界定都具有其合理性，或者说，都从不同角度或方面正确揭示了知识的本质及其特性。这实际上就表明，知识范畴是一个内涵极其丰富的概念，可以从不同角度或方面加以认识。同时，上述关于知识范畴的不同界定或理解也是可以在一定意义上综合统一起来的。在我们看来，知识既可以是主体认识客体事物的认识成果或观念形态；也可以是主体的一种洞察和把握事物本质的理智或智慧的力量或能力，一种能够操作或把握事物的技能；它无疑表现为一种逻辑命题的语言符号系统，具有逻辑结构的意义；同时它也可以说是信息，是通过物质形式为载体（诸如语言、文字或其他具体物质形态等等）而寓含意义的信息存在，它在信息运动过程中得以传递、扩散、分享和衍生增殖。知识可依据不同的意义而进行不同的分类，它既可分为感性知识与理性知识，也可分为事实知识与价值知识；既可分为显性知识与隐性知识，也可分为基础理论知识与

---

① 林慧岳、李林芳：《论知识分享》，载《自然辩证法研究》，2002 年第 8 期。

技能应用知识；还可分为自然科学知识与社会科学知识；此外，现代社会还将知识分类为"4个W"，即"What（'是什么'，事实知识）、Why（'为什么'，原理知识）、How（'怎样做'，技能知识）、Who（'是谁'，社会人际交往知识）"。总言之，对于知识范畴，我们应该做多维向度的综合理解，或者说，做广义的理解。只有这样才能真正揭示知识创新发展的内在机制与规律。本书所涉及的知识范畴就是在这种广义的意义上来理解与分析的。

第二节　知识创新的范畴考察

知识的流动扩散过程实际上也就是一个其不断创新而发展的过程。知识发展的本质就在于创新。因此，论及知识，必然要论及知识创新这一范畴。

现在理论界一般认为，"创新"这一概念首先是由美籍奥地利经济学家熊彼特从经济学意义上提出来的。他在1912年出版的《经济发展理论》（*Theory of Economic Development*）中提出，"创新"是指新技术、新发明在生产中的首次运用，是指建立一种新的年生产函数或供应函数，是在生产体系中引进一种生产要素和生产条件的重新组合。在他看来，创新包括以下五个方面的内容：即引入新产品或提供产品的新质量；采用新的生产方法（生产工艺）；开辟新的市场；获得新的供给来源（原料或半成品）；实行新的组织形式。熊彼特的"创新理论"提出后逐渐引起了世人的注意。特别是本世纪70~80年代出现的"新熊彼特主义"把创新理论推向了一个新发展阶段。他们更重视于创新的机制，包括技术创新、组织创新等等机制。随着创新理论研究的发展，已逐渐超出了单一的经济活动层面而具有了社会活动的普遍意义。这是因为，经济的创新内在地包含着两个重要的范畴，即技术的创新与知识信息的运用扩散。现代社会是一个逐渐走向知识经济的时代。知识经济作为一种新型经济形式，实质上就是以知识的创新为基础的经济形态。我们在前面已多次提到，知识具有多种意义向度。生产产品的开发、技术的创新等等本质上都是知识不同形态的创新。因此，以熊彼特的创新理论为基础，在知识经济本质特征日益凸现的现代社会发展中，知识创新就成为一个日益引人注目的重要范畴。此外，"创新"这一范畴随着当代社会日益向知识创新时代的迈进，其意义也超出了纯经济学的范畴而成为了一个具有广泛意义的社会概念。从广义的哲学层面来说，创新泛指一切具有新意义的社会活动。它既可指从"无"到"有"的创造，也可以指对"已有"的进行改革与改进；它既可以指新的结果，也可以指新的材料、新的方法和新的过程，等等。因此，我们是从广义上来理解和使用"创新"这一范畴的。

一、社会实践活动系统

前面的阐述已表明，知识创新实质上并不是一个单纯抽象文本的理论范畴，它从一开始就是与社会经济活动，包括生产工艺、生产组织、市场开拓等社会实践活动环节紧密联系在一起的。因此，从某种意义上说，知识创新本质是一个社会实践活动范畴，是一个国家、一个民族为了推动社会经济发展一个社会实践系统活动。对此，理论界许多学者都具有了基本共识，都从广义上把"知识创新"视为"国家创新系统"。例如，有的学者认为，"国家创新体系是由与知识创新和技术创新相关的机构和组织构成的网络系统……国家创新体系的主要功能是知识创新、技术创新、知识传播和知识的运用……国家创新体系可分为知识创新系统、技术创新系统、知识传播系统和知识运用系统。"①。不难看出，这里虽然讲到了"技术创新"，但正如我们在

---

① 路甬祥主编：《创新与未来——面向知识经济时代的国家创新体系》，科学出版社1998版，第4～5页。

前面所分析的，技术本质上也属于知识的一种特殊形态，即技能知识。因此，把国家创新系统看成是"知识创新（即知识的生产）"、"技术创新"（即知识特殊形态的创新）、"知识的传播与运用"等要素组成的系统，这实际上就从广义上把国家创新系统视为了知识创新系统，或者说，国家创新系统反映了不同形态的知识创新发展过程。因此，许多学者正是从广义上把知识创新视为国家创新体系，"所以，国家创新体系又可称为国家知识创新体系"①。当然，细心读者也不难看出，知识创新本身是有广义与狭义不同理解的。而作为狭义的知识创新无疑是作为国家创新系统的其中组成因素之一而存在的。但从国家发展意义上说，把知识创新作为一个社会发展的宏观工程并以国家创新体系概念而规定，还是很有意义的。我们也是从广义上来理解知识创新这一范畴的。由此，我们不难对知识创新范畴进行确定，或者说，所谓知识创新是一个由科学理论基础知识创新系统、技术知识创新系统、知识传播系统和知识运用系统及其相关的主体与组织等所构成的有机网络体系。我们认为，这样表述既明确了知识创新体系的具体要素，又反映了其内在的逻辑关系。

知识创新作为社会宏观工程系统，无疑应具有自身特定的结构及其功能与特性。具体说来，我们可以对此进行以下方面的分析。

1. 知识创新系统结构

如上所述，知识创新是由其科学理论基础知识创新系统、知识的传播系统和知识的运用系统及其相关的主体组织所构成的网络体系，是一个具有自身特定要素的整合体系。科学理论基础知识创新系统与知识传播系统和知识的运用系统就是构成整个知识创新系统的三大基本要素。而每一个子系统或要素都具有其相应的组织主体。这是因为，构成知识创新系统的要素并是无主体的抽象，而是总有其特定的组织为其支撑主体。例如，科学理论基础知识创新系统"是由与知识

---

① 路甬祥主编：《创新与未来——面向知识经济时代的国家创新体系》，科学出版社1998版，第26页。

的生产、扩散和转移相关的机构和组织构成的网络系统，……其核心部分是国立科研机构（包括国家科研机构和部门科研机构）和教学科研型大学；技术创新系统是由与技术创新全过程相关的机构和组织构成的网络系统，……其核心部分是企业；知识传播系统主要是指高等教育系统和职业培训系统；……知识运用系统的主体是社会和企业。"① 因此，知识创新系统不仅具有知识运动的层面，也有组织主体的层面，诸如，科研机构、高等教育培训机构和企业，等等。不仅如此，无论是知识运动层面，还是组织主体层面，它们要真正得以有序运行，还必须要有相应的管理制度，诸如科研项目管理评估制度、人才管理制度、金融税务管理制度和政治经济法律制度，等等。因此，不难理解，知识创新的整体系统又可以分为以下三个层面：即知识层面、组织主体层面和制度层面。知识创新就是由这些不同层面的要素相互整合起来的有机的网络结构。

2. 知识创新的系统特性

任何事物系统都会具有自己系统的特性。知识创新系统也不会例外。具体说来，知识创新系统具有以下方面的系统特性。

（1）系统的层次性。这就是说，知识创新系统是由其特定的要素所形成的并具有多层次的结构系统。我们在上面实际上也指出了知识创新是由知识层面、组织主体层面和制度层面这三大基本层面所构成。其中，每一个层面都构成了知识创新系统结构的一个层次。不仅仅如此，每一个层面本身又是一个由诸因素所组成的子系统，因而又具有自身系统的层次性，从而使整个知识创新系统呈现出多层次或多层面的系统特性。

（2）内在的立体的网络有机统一性。这即是说，知识创新系统的诸方面、环节、诸因素等都不是相互孤立和割裂的，而是一个相互联系、相互作用和相互制约的有机整体。科学理论基础知识的创新无疑

---

① 路甬祥主编：《创新与未来——面向知识经济时代的国家创新体系》，科学出版社1998版，第5页。

是整个知识创新的基础与源泉，是技术知识创新、知识传播创新和知识运用创新的基础或前提条件；但技术知识创新、知识传播创新和知识运用也不是消极被动的，而是对依次对前一个环节具有能动的反作用，它可以反过来对前面环节具有进一步改进和激发作用。因此，知识创新系统的诸环节之间就构成了相互作用的互动关系，而不是单向联系。值得指出的是，这种相互联系、相互作用和相互制约不仅仅存在于知识创新系统的同一层面或同一序列环节的关系中，而且还存在于不同层面或不同序列的环节关系中。因此，知识创新系统本质上构成了立体网络的相互作用的有机整体，即是说知识创新系统的相互作用本质属于一种非线性运动状态。非线性运动是任何事物系统创新发展的内在机制。知识创新也不例外。

（3）创新性。即是说，知识创新系统不是一个简单重复循环系统，而是一个不断创新发展的系统。创新是知识创新系统的本质特征，也是它自身应有之义。这种创新不仅仅表现于它整体效应，同时也存在于它的每一个层面和每一个环节之始终。

（4）高风险与高效益的并存性。知识创新并不是一个局限于象牙之塔的书斋活动，而如前所述，它本质上是一项社会经济发展活动工程系统，或者说，是一项以知识创新为基础并具有高效发展特征的新型经济活动系统。虽然它以科学理论基础知识创新为其起点，却以推动社会经济发展为目标。因此，追求高效的经济发展目标是其应有的价值向度。而这种高效经济发展目标的实现有赖于其创新功能。然而，创新总是寓含着或伴随着风险的。创新本质上又是一种风险性活动。没有风险也就无创新意义。因此，知识创新作为一种经济发展活动必然也是一种风险性活动。其高效益与其高风险性总是并存的。

（5）发展的开放性。这就是说，知识创新并不是一个封闭死寂系统，相反，它是一个在不断与外界进行信息交流中充满生机与活力的开放性发展系统。任何创新发展的事物系统必须是处在开放性状态之中。开放性是事物系统发展的本质特征与首要的条件机制。知识创新系统之所以能够创新发展，其重要的机制原因就在于它是开放性系统。正是知识创新系统处在与其社会外部的诸如政治的经济的和文化的等环境诸因素进行不断的信息交换之中，从而获得了自身不断得以衍生嬗变的生机与活力，才得以实现自身创新的目标。

3. 知识创新的系统功能

知识创新系统的功能无疑就是其创新功能。这种创新不仅仅表现于其系统的整体效应，同时也存在其整个系统运行的每一层面或每一环节之始终。就前者而言，就是表现为知识创新系统由于自身系统的创新效应的发挥，为社会开发了许多新的产品、新的生产工艺、新的组织制度和新的市场空间，极大地推动了整个社会经济的发展。就后者来说，则在于知识创新的每一个层面和每一个环节都具有自身的创新功能。例如，科学理论基础知识的创新子系统的主要功能在于通过科学研究获得新的基础知识，为技术创新奠定前提基础；而技术创新子系统的功能则在于对生产过程中技术进行革新与创造，发明新的生产工艺；知识传播系统的创新主要功能在于培养具有较高技能、具有新知识和创新能力的人力资源；而知识运用子系统的创新主要功能则在于知识与技术的创新运用。知识创新系统的这些诸层面或诸环节的自身创新功能又会得以相互整合，从而形成系统的整体创新功能。

二、系统思维创新

上面我们关于知识创新的范畴考察，无疑是从其社会系统活动过程来分析的。知识创新作为一种社会活动，当然如上所述会具有主体的、技术的和制度的等层面构成。然而，从知识创新系统的深层次意义或本质层面来说，应该是思维创新。换言之，系统思维的创新才是知识创新系统的本质与核心。这是我们对知识创新范畴进行分析与把握所必须加以确定的重要原则或思维向度。对此，我们可以从以下几个方面加以具体理解：

1. 从知识创新系统的人之主体来说

思维创新是其知识创新系统活动的本质与内在根据。知识创新并不是无主体的空洞抽象，不是脱离人之外的活动，而是依靠人、通过人并为了人而进行的社会活动。因此，人才是知识创新社会活动的主体。无论是作为单一的知识创新活动，还是作为组织、企业或集团的知识创新活动，它们活动的主体无疑都是人，是人作为主体而进行的过程。而人作为社会实践活动生存物，首先是一种具有思维认识活动功能的生存物。思维的功能特性是人之为人并与动物相区别的本质特性，也是人自身能具有实践活动功能的内在的思维根据。这是因为，人所以具有实践活动功能特性、首先就在于他具有思维活动的功能特性。就人而言，没有思维活动的创新，也就不会有实践活动的创新。人的思维创新是其实践创新的前提条件。当然，实践的创新活动无疑与其思维创新活动是两个不同层面的活动，并都具有不同的特点和意义。然而，没有思维的创新就绝不会有实践的创新，这却是毫无疑问的。思维是人的实践活动之所以发生的内在根据或逻辑前提。此外，知识创新作为追求知识价值意义而进行的特定社会实践活动，知识的创新发展无疑是其追求目标。但知识本质上作为人的思维认识活动成果，实际上却又是人们思维创新的结果。知识的活动是离不开人的思维活动的。无论从何种认识论意义上来说，知识总是人的思维认识活动的过程和结果。没有思维的创新就没有知识的创新，或者说，知识创新的社会活动不过是表现了思维创新的内在本质，是思维创新本质的外在的社会表现。

2. 从知识创新系统诸层面和诸环节的运动过程来看

思维创新是其运动的内核与发展动力。如前所述，知识创新作为社会系统活动无疑是由科学基础理论的创新、技术创新、知识传播和知识运用等不同环节或层面所构成的系统过程。这些层面或环节必然会具有自身不同的形态及其特征。但从其运动核心及其发展动力来说，则在于思维创新。

（1）就科学基础理论知识创新来讲，它本身就是思维创新的直接形态和结果。科学基础理论知识的创新功能就在于通过思维创新并借助科学实验来获得新的基本原理知识、新概念，从而使基础理论知识系统得以更新发展。这主要是依靠科研机构的科研人员来进行的。在这里，科研人员发挥思维创新能力是十分重要的，没有思维的创新就根本不可能获得新的基础知识和新概念。科学基础理论知识的创新作为知识创新系统全过程的原创生长点或其开端，它本身可以说就是思维创新的原生形态或直接过程，也是整个知识创新系统发展的原生动力。

（2）就技术创新过程来说，它是在结合具体的生产过程对科学基础理论知识进行具体运用、开发新的生产工艺和新的生产技术的过程，是对将科学理论知识转化为具体生产实践的过程。然而，这种运用与转化绝不是消极被动和简单照搬，而是一个在转化中加以革新和创造的能动过程，仍然要依靠思维创新能力的发挥才能进行。因此，技术创新内在地包含着或体现着思维创新这一内核。或者说，从科学基础理论知识的创新到技术创新的转化，从本质上表现了创新主体的思维核心层面的创新转化。思维创新是技术创新形成发展的内在动力。

（3）就知识传播系统创新来说，"主要是指高等教育系统和职业培训系统，其主要作用是培养具有较高技能、最新知识和创新能力的人力资源"[①]。不难理解，这里同样存在着思维创新的问题。这种思维创新不仅存在于对培训对象传授知识的教育过程中，而且也存在于知识传播系统的价值取向目标之中。这就是说，在对教育或培训对象的知识传授过程中，不能消极地将知识传授视为简单的复制过程，而应该将其作为一个知识不断在转化与扩散过程中得以丰富与建构的创新过程。因此，创造性的教育活动应该成为知识传授过程的本质要

---

① 路甬祥主编：《创新与未来——面向知识经济时代的国家创新体系》，科学出版社1998 年版，第 5 页。

求，即要能够对传播的知识进行因人施教、灵活运用、创新教育，讲究科学的创新教育方法。就知识传播系统的价值取向或目标来说，培养教育对象的创新思维能力应该成为重要内容。即是说，我们对教育对象不仅要传播知识原理本身，更要重视的是，在对其进行知识培训过程中对要不断提高其思维创新能力。可以说，思维创新能力的培养是其知识传播系统的最高价值取向或目标。

（4）就知识应用系统的创新来说，"知识应用系统的主体是社会和企业，其主要功能是知识与技术的运用"①。无论是社会成员还是企业内部人员，他们对知识与技术的运用都存在着思维创新的问题。这是因为，他们对知识与技术的运用不是一个简单消极地复制和被动地接受，而是一个积极能动的过程，是一个将外在的知识本体积极转化为或内化为自身知识结构、丰富自身知识素养，并在运用知识将其外化或对象化的过程中不断强化和提高的能动过程。因此，必须发挥创造性思维能力才能得以实现这一能动过程。总言之，无论是知识创新的诸环节运动，还是知识创新系统的诸层面运动，都内在地包含着或体现着思维创新这一核心。因此，思维创新是知识创新系统发展的内在动力。

3. 知识创新系统的不同形态的依次过渡与发展

本质上是体现了系统思维创新不同形态的转换与发展。如前所述，知识创新系统的演化发展是一个不断由科学理论基础知识创新向技术创新、知识传播和知识运用等诸环节或诸形态转化发展的过程。正如我们在上面分析的，知识创新系统的不同环节或不同形态，内在地包含着或体现着思维创新的核心，或者说，思维创新是知识创新系统诸环节或诸形态的核心本体与发展的内在动力。因此，我们不难理解，知识创新系统的不同形态的依次过渡及其发展，实质上是体现了其内在的思维创新不同形态的转换与发展。或者说，知识创新系统不

---

① 路甬祥主编：《创新与未来——面向知识经济时代的国家创新体系》，科学出版社1998年版，第5页。

过是其内在的思维创新本体发展的社会表现形态。当然，思维创新本体表现在知识创新系统的不同环节或形态中的具体特征也是会有所不同的，由此而形成了思维创新自身的不同具体形态或环节。即是说，知识创新系统从其内在的思维创新本体层面上来看，可以依次表现为理论思维的创新、技术思维的创新、传播教育思维的创新和运用操作思维的创新等不同形态；从其他意义上还可以表现为理论思维的创新、技术操作思维的创新与制度思维的创新等不同形态。而这些知识创新的不同思维形态，也必然会各自具有自身不同的特点。例如，理论思维的创新主要特点在于，它是在理论逻辑的层面上对原理知识系统的突破或丰富性的建构，属于原创性的发展，具有较强的理论逻辑特征；而技术思维的创新则在于，它是结合具体的生产实践的特定要求，运用原理知识对特定的生产工艺进行改造与革新，具有较强的实践特性、具体目标的指向性和操作性；而传播教育思维的创新则在于，它不仅要以传授的知识为本体，同时也要结合社会时代的要求和教育对象的具体特点及其特定的教育规律来进行因材施教、因人施教，具有较强的思想性、教育的灵活性及其一定程度的强制性；至于制度思维的创新则在于，它依据知识创新不同层面主体的内在要求，从制度体系上进行突破与重构，以促进知识创新系统的发展，具有较强的规范性、导向性和一定程度上对原旧制度的颠覆性。虽然这些知识创新系统的不同思维形态各具不同性质及其特点，但它们同处于知识创新系统的思维创新本体层面的演化发展的过程中，是其思维创新不同形态或环节的依次转型与发展。换句话说，知识创新的不同形态的依次转型发展不过是其内在的思维创新不同形态转型发展的外在表现。由此也不难理解，我们对知识创新系统进行思维学的研究，从某种意义上可以说，是对知识创新研究视域进行深层次的拓展，是不无意义的尝试。

三、演化发展的开放性系统

知识创新无论是其思维创新本体，还是作为一个社会实践活动系统，它都是一个不断生成变化发展的开放性系统，具有自身系统演化发展的开放性与自组织性。系统论观点认为，任何生命系统本质上作为开放性系统的存在，它必然具有自我更新、自我演化发展的自组织机制，或者说，是一个其不断生成演化发展的自组织系统。知识创新系统作为由生命主体的人所构成的社会活动系统，自然也不会例外。

就知识创新的社会实践活动意义来说，它具有以下自组织性条件与机制。首先，它具有系统的开放性。开放性是自组织系统得以生存的首要基本条件。系统的自我更新、自我发展的自组织机制形成于系统内外信息相互交流的开放性运动过程之中，是系统外部诸新信息不断纳入系统（即"负熵"的不断输入），从而使事物系统不断获得自我更新而发展的内在机制。知识创新如前述，是一个不断与社会的政治、经济和文化等诸环境信息不断交流的开放性的系统。"国家创新体系的四个子系统，各有侧重，相互交叉，互相支持，构成一个开放的有机整体"①。因此，不难理解，知识创新的社会活动系统因其开放性而必然会产生因新旧信息的不断更新而自我完善发展的组织性机制。其次，它具有内部非线性运动机制。系统内部诸因素的非线性运动作用是系统形成自我更新、自我完善而发展的自组织功能的重要内部机制条件。系统的非线性运动趋向意味着系统是一个充满活力与生机、具有多种变化发展可能性的开放性系统。而系统究竟向何种方向发展完全由系统内部诸信息的非线性运动性质所决定。这是因为，系统内部诸信息的非线性运动必然会产生系统的新的性质，形成系统新的运动发展方向，从而使系统具有自我更新、自我完善而丰富发展的

---

① 路甬祥主编：《创新与未来——面向知识经济时代的国家创新体系》，科学出版社1998年版，第5页。

自组织性。而系统的线性运动只能使系统的信息进行质的重复和量的简单相加并最终使系统陷入封闭死寂状态。知识创新如前所述是一个由不同层面、不同环节和不同因素所组成的社会复杂活动系统，或者说，是一个多元异质型开放性系统。因此，在其不断与外部信息相互交流过程中，其系统内部不同性质的诸要素的相互运动必然会形成非线性运动状态。在这种非线性相互运动过程中必然会不断形成系统的新的性质及其功能，而这种新的性质及其功能会促使知识创新系统向新的方向发展，由此而显现出知识创新系统自我更新、自我完善而发展的自组织性。关于知识创新社会活动系统的自组织性，我们还会在后面有关地方加以深刻地分析。

就知识创新的思维本体层面来说，它同样具有自组织运动的条件与机制。知识创新的思维活动是一个开放性系统，这是毋庸置疑的。思维的创新是处在不断与外界信息进行相互交流过程中进行的。或者说，知识创新的思维活动是处在一个与外界诸信息不断进行相互交流的开放性平台中实现的。没有开放性的思维态势，就不可能接受到外界新的信息的输入，也就不可能在内部诸思维信息组合中产生新的信息结构而只能使思维状态在简单重复旧的信息过程中陷入僵化死寂状态。而实际上，知识创新的思维活动不可能处在绝对封闭的状态之中的。无论是思维的个体主体，还是群体主体，他们总是通过直接的或间接的方式而处在不断学习、不断接受新知识、新信息的学术交往过程中。因而知识创新的思维活动系统必然会显现出一种开放性状态而具有了自我更新与自我完善发展的自组织基本条件。此外，知识创新的思维活动系统内部存在着诸思维信息的非线性运动机制。无论对于一个开放性思维的个体主体人，还是群体思维的主体人来说，由于他或他们不断处在接受外部诸新的信息输入的开放性思维交流平台，因而会不容易受传统思维框架的束缚，也不容易沿用旧的思维方式遵循旧的思维逻辑来展开思维活动，相反，他或他们会因不同的外界新信息的输入而陷入新旧思维信息的相互碰撞的非线性运动。正是这种思维新旧诸信息的相互碰撞的非线性运动使得思维系统发生信息的重组、衍变与融合，从而形成新的思维信息结构，获得新的知识发现。而那种封闭的思维状态只能重复进行旧的思维信息的线性运动，只能使思维信息在旧的基础上发生量的叠加而不可能有新的信息性质。因此，不难理解，处在开放性思维状态的思维主体，必然会具有思维内部诸信息相互碰撞的非线性运动机制，从而会形成知识创新思维系统的自组织性。关于知识创新思维活动系统的自组织性，我们会在后面有专门的章节加以进一步的深刻而系统的分析。

总言之，知识创新系统是一个充满生机与活力的自我更新、自我完善而不断生成发展的开放性系统。这是我们对知识创新系统进行系统思维论研究与考察的重要前提。细心的读者会发现，我们在后面的分析就是依据这里对知识和知识创新这一对范畴的理解而进行的。

第三章

知识创新思维的心理系统

众所周知，知识从本质上来说是人的思维认识活动的结果或产物。而作为主体的人必然是一个知情意相统一的生命存在物。因此，主体的思维创新活动也必然是一个伴随着和渗透着人的心理活动的复杂过程。知识创新的思维活动系统的形成和发展决不能脱离其复杂的心理活动基础，二者存在着密切而内在的联系。正是从广义上来理解创新思维与创造性心理活动之间的相互融合和相互渗透的密切交织关系，有些学者便把情感、意志等非智力的心理要素也划入了主体思维活动方式的基本要素范畴之中。从严格意义上讲，这种划入是值得商榷的，因为思维活动与心理活动毕竟是两个不同层次的范畴。不过，这从另一面反映了主体的创新思维活动与其创新性心理活动确实是分不开的。大量事实表明，思维创新活动作为主体的自觉认识过程，是离不开其心理活动功能。或者说，知识创新思维活动是主体以其创新心理活动为基础而进行的复杂高级的精神创造过程。因此，我们有必要首先对知识创新思维活动的心理结构进行系统分析。

第一节　创新思维心理要素、特性与机制

知识创新的思维心理结构在本质上是一种创新心理活动的功能状

态。无疑，创新思维的心理结构作为一种复杂系统的存在，具有多方面复杂的规定性。但是从它作为一种特殊的心理状态与主体的一般心理状态相区别的确定的范畴来讲，其根本的或主要的特征在于，它是作为一种创新心理活动的功能状态而存在的。因此，它的本质可以说就是指主体心理活动的创造性功能状态。

一、创新思维心理结构要素

所谓创新思维的心理结构即创新心理结构，简单地讲，就是指主体的诸心理活动因素处于创造性功能活动从而导致思维创新活动形成的心理结构性状态。或者说它是在一般心理活动过程中所形成的一种特殊的（即创新心理）功能状态。这个规定反映了它的存在与一般心理活动范畴的辩证关系。应该明确的是，创新心理活动范畴与一般心理活动范畴的关系是特殊与一般、个性与共性的关系。创新心理活动状态绝不是指脱离人的一般心理活动之外的某种神秘活动范畴。它本质上是仍属于人的一般心理活动过程的范畴之中。这种特殊的心理活动结构的要素、心理倾向能力、存在状态及其心理效应都存在于和发展于主体的一般心理活动全过程之中，而不是独立于主体的一般心理活动之外。从本质上，它就是指主体一般心理活动诸要素在活动变化发展过程中所达到其创造功能的显著程度或状态。这是对其活动功能结果状态性质上的规定。这种创新心理活动绝不是脱离主体一般心理活动之外的某种神秘层次。因此，从这种意义上讲，人人都有形成创新心理活动功能状态的可能性，正如人人都有可能产生创新思维活动一样。

创新思维作为主体高级复杂的思维活动总是建立其特定的心理活动基础上的。没有健康正常的心理活动结构就不可能形成主体特定的创新思维活动过程。从一般意义上讲，主体要形成创新思维活动过程，必须具有由以下方面基本心理因素所构成的创新心理结构。

1. 心理结构的发动与启动层次要素

创新思维心理活动结构首先是作为对创造目标进行趋近、创造的心理冲动过程而存在的。因而它存在着心理层面的发动与启动功能趋向。形成这种心理活动功能趋向的要素就属于发动与启动层次要素。它主要由以下基本要素构成。

（1）创新的心理需要。它是创新心理一切活动动力的最原始、最基本的源泉。所谓创新心理需要，就是指主体对寻求和实现创新目标活动的心理渴望与心理需求的动力倾向性。创新心理需要是在社会客观实践活动中形成的改造客观事物、创造理想客体的心理渴望。它具有以下主要特性：一是心理动力倾向性。它作为一种主体心理渴望，本质上要求转化直接的心理创造动力。二是心理满足的不可抑制性和无终止性。就是说它作为心理冲动是无法抑制。它只有在得到实现的满足中才能达到心理甚至生理的平衡，否则就会造成心理乃至生理的失衡。而且它的暂时满足并不能终止这种需要的继续产生。相反，创新性心理需要的产生和实现是无限转化发展的过程，具有无限递增性。

（2）广泛而集中稳定的创新兴趣。这是在心理需要基础上产生并促使主体创新的心理活动结构形成的又一重要动力要素。许多学者认为，对某一事物进行创新性思维活动的人，必须首先是对该事物产生浓厚兴趣的人。我们认为，兴趣作为心理活动范畴，是指主体对某一特定客体所产生的心理动力倾向性的积极态度。它表现为好奇心、爱好等复杂心理活动形式。它具有以下主要特性：一是心理动力倾向性。就是说它的形成具有推动心理活动诸要素形成趋近目标、探究事物、深入研究的心理运动。二是心理态度的积极性和愉悦性。即它的形成和发展，还会产生和伴随心理过程的轻松、愉悦的积极的相关性。这是兴趣之所以表现为好奇，以形成个性爱好的内在根据。兴趣一般来说产生于特定的心理需要和对外界客观事物的认识活动。就前者来说，特定的心理需要是形成主体兴趣的基础。就后者来说，对客观事物的认识，是兴趣产生的客观来源与现实途径。此外，创新活动本身的成功也能强化主体的创新兴趣。创新兴趣必须是"广泛"而"集中"又"稳定"。只有兴趣丰富广泛而稳定，才有利于主体拓展思路。而兴趣的集中性，才能使主体形成和强化特定集中的创造心理活动，促使创新思维活动集中深入进行下去。如果一个人兴趣博而不专，浮光掠影，三心二意，就只能庸庸碌碌，一无所长，就不会有创新的成功。

（3）目标明确的创新动机。动机作为心理活动范畴，就是指引起和推动人的行为过程的心理活动的内在动力或原因。因此，创新性心理动机也就是引起、推动和激励主体特定的创新行为活动的心理动力原因。它总是与一定行为目标或目的相联系而存在的。心理动机只有与创新目标确定地联系起来，才能具有推动行为活动、稳定持久地指向创新目标的功能特征。否则，毫无明确创新目标的心理动机，就不仅不会有创新目际的指向激励性，而且会瞬间中断消失，起不到创新活动的发动与推动作用。

2. 心理结构的调控层次要素

创新思维心理活动过程并不是一个启动后便均匀地持续进行的简单运动，而是一个伴随着创新思维运动而起伏不定，变化复杂的过程。因此，为了持续维持和发展创新思维心理活动，必须有一个不断调整、控制和强化其活动的调控层次。构成创新思维心理活动的调控层次子系统的，主要有以下基本心理品质要素。

（1）饱满积极的创造情感。情感从作为心理活动范畴来说，主要是指主体对客体对象是否满足自身需要的心理态度上的情绪反映。它从程度上来讲，可分为热情与激情这两个基本层次。情感在创新心理活动中具有以下方面的功能作用：即积极饱满的情感对于创造心理活动具有积极的促进强化作用，继而对创造性思维活动产生积极的推动作用。许多灵感思维就是在情感愉快兴奋中产生的。而消极低沉的情感对于创造心理活动及其思维创造活动具有干扰妨碍作用。情感及其情绪的变化对创造心理活动及其思维创造活动可以起到调节控制作用。

（2）积极充分的创新自信心。自信心，是克服心理阻碍、调节心理活动，有利于良好心理活动状态的形成和发展的重要的心理品质。作为创新心理活动系统组成要素的自信心，是一种积极充分的科学的创造性自信心。它是围绕创造活动目标而形成的自我信心。它表现为坚定不移的创新信念和科学的冒险心这两种主要形式。创造信念是由自信心升华而形成的稳定持久的心理品质。科学自信心对于主体的创造心理活动中具有推动促进功能和克服心理障碍的调节控制功能。

（3）坚定不移的创新意志。意志是指主体克服心理阻力、调控心理活动、以便实现预定目标的心理活动的基本品质。创新意志必须是一种坚定不移的创造意志。它必须具有以下心理活动特性：一是意志的自觉性。这是指意志能够在创新思维心理活动过程中自觉地支配和调控自己行动、实现创造目标。意志的自觉性越高、越有助于创新思维心理活动目标的实现。二是意志的顽强性。这是指意志在创新思维心理活动变化过程中，必须具备充沛的精力和坚韧的毅力，能够克服一切心理困难，完成创新目标的实现。三是意志的自制性。这是指意志在创新思维心理活动变化过程中，能善于控制和调节自己的意志行为过程，以此来影响和制约创新思维心理活动的变化发展。

以上表明，情感、自信心、意志等基本心理活动品质要素从各自不同的方面表现了对创新性心理活动系统的强化、调节和控制功能的性质。因此，应该说，它们属于创新思维心理活动系统结构的调控动力层次要素。值得说明的是，这些基本心理要素的功能发挥并不是孤立存在的。它们在功能运动过程中能够形成相互作用、相互贯通、相互耦合的功能关系，从而构成创新心理活动系统结构中调控层次的动力子系统，发挥着该系统的整体功能效应。

主体以上基本心理活动要素在特定的基础上就成为了主体知识创新思维活动心理系统结构的基本要素，从而构成了知识创新思维的心理系统结构。

二、创新思维心理结构特性与机制

知识创新的思维心理结构作为一个由诸心理要素相互作用而形成的特定动力系统结构，它具有以下存在的基本特性。

1. 结构存在要素的多层次性

即是说，形成这种特定的创造心理结构的诸要素是多方面的。如上所述，根据其诸要素在创新心理活动的功能性质来划分，基本上可分为两大层次：一是创新心理结构中的启动、发动层次要素。这是指创新心理系统结构中首先起着启动、驱动或发动运动功能的元动力结构层次，诸如创新需要、创新兴趣与创新动机等要素。二是创新心理结构中的调控激励层次要素。它是指在创新心理活动过程中起着支配、调节、控制、强化和激励功能的层次要素，诸如创新情感、自信心和意志等等。此外，还有创新心理系统结构中的个性结构表征层次要素。它是借以稳定的行为态度或生理特征等个性特征来直接综合表征或表现创造心理结构的外观表层要素。诸如性格、气质等等。在这些诸层次或方面的创造心理要素中，每一层次或方面的要素又是由自身不同层次的组成要素所构成，从而体现出创造性心理整体系统结构存在要素的多层次性或丰富性特征。

2. 结构存在状态的平衡与不平衡的内在统一性

这就是说，创新心理活动结构作为主体创新活动的心理动力系统是处于平衡态与非平衡态相统一的存在状态之中的。所谓平衡态，是指它的运动过程一方面体现出诸心理要素在相互作用过程中具有稳定有序的平静的特性，表现为情绪稳定镇静、心平气和的心态。所谓非平衡态，是指它另一方面又时刻处于变化发展甚至波澜壮阔、汹涌澎湃的心理剧烈活动状苍中，表现为情绪激动、意志强制，甚至心律失常等等。总之，创新心理活动就是平衡与非平衡相统一的运动过程，处于时而平静时而冲动、起伏不定的心理存在状态之中。

知识创新思维心理活动系统作为由其诸层次心理要素所构成的特定功能动力系统结构与其他系统运动具有运动机制一样，它也必然具有自身运动的内在机制。至少应该具有以下主要运动机制。

1. 诸要素之间非线型运动的相关机制

现代系统论原理认为，任何系统的运动功能是由其内部诸要素相关运动机制所造成的。即是说，系统内部诸要素是处于相互联系、相互作用的运动关系状态，并由于这种彼此之间运动的相关机制形成了系统自身特定的运动功能效应。在开放性系统中，这种诸要素之间运动的相关机制还具有非线型性质。创新心理活动系统作为一种动力系统的存在，其内部诸要素的运动同样具有一种相关的机制，即各种心理要素彼此相互影响、相互制约、相互作用，才能形成整体性的心理运动状态及其功能效应。创新心理效应作为一种诸要素相互运动所形成的整体功能，并不是由某种独立要素单向功能运动所形成，或者由诸要素运动功能的简单机械相加，而是由其诸要素之间非线型的相关运动协同形成的整体功能。

2. 协同、互补与耦合的运动机制

这就是说，在知识创新心理活动过程中，其各种要素之间的相关运动中还存在着彼此功能运动的协调、同化、互补和耦合的运动机制。也就是说，在彼此不同曲要素运动中会发生功能性质上的相互协调顺应的运动，在顺应过程中彼此功能性质进行同化、互补渗透、使功能效应发生由个别简单的或单层次向综合高级复杂层次的强化与放大；在不同的许多综合复杂层次的功能效应基础上同样也存在同化互补运动机制，从而最终耦合成具有创造心理巨潜能的系统整体效应。例如，在创新心理活动系统中，作为启动发动层次要素的需要、兴趣等，与作为调控层次要素的情感、意志等，虽然各自所处层次不同及其功能性质有差异，但它们在功能性质上仍存在相通的共性，即它们各自都具有"推动"、"促动"的功能共性，因此在运动中彼此可以相互同化、互补、耦合、强化、实现由单个层次的"推动"向高层次综合"推动"转化的整体效应。

第二节　创新思维心理结构功能

毋庸置疑，知识创新思维的心理结构作为主体创造性思维活动所赖以存在和发展的心理基础，其自身的功能效应对于主体知识创新思维活动的形成和发展将直接产生重要的功能作用。这主要表现在以下三个基本的方面。

一、发动、启动和激励功能

这就是说，创新心理活动效应将直接导致主体的知识创造性思维活动的发生。使主体在这种创造心理活动效应的驱动下开展有意识的思维创新活动。并且，它作为伴随和贯穿于主体创新思维活动过程始终的动力，将不断地推动、激励主体持久地展开思维创造过程，使主体的创新思维活动始终处于不断变化发展的活跃状态。

二、调控、导向和强化功能

主体的知识创新思维活动是一个复杂变动的发展过程。在这个过程中要越过许多思维障碍，进行全方位、迂回灵活变通的思考运动。这种思维活动方向的变化、力度的强弱等，除受自身思维活动因素的制约外，还必然深受其创新心理活动诸因素的影响与制约。这就是说，创新心理诸要素的活动效应对思维创新活动具有调节、控制、导向和强化作用。特别是创新心理活动的意志、兴趣、情感等要素对于思维创新活动存在着明显突出的克服障碍、调控思维方向、强化思维运动力度的功能。它驱使主体在变化发展中完成思维创新的全过程。

三、建构重组功能

这就是说，创新心理活动因素在渗透于主体的思维创新活动过程中，也对知识思维创造过程存在着一定程度上的建构重组功能。即是说它在一定程度上直接参与了主体对客体对象认识思维的观念把握的建构活动，并把自身特性诸如情感、心理需要等对象化到思维活动对象之中，建构为思维创新成果的组成部分，使之赋予和体现主体的某些心理特性。众所周知，思维创新活动及其结果并不是绝对纯粹理性或客观化的成果，它总在一定程度上包含或渗透着主体某些情感、需要等心理特性的倾向性内容。这是由主体创新心理活动要素对思维创新活动具有一定程度的建构功能所形成的。

在知识思维创新活动过程中，创新心理活动结构的效应作为一种启动、调控和建构的创造性整体功能，也具有自身某些活动功能的特征。

1. 功能活动的主体自觉性

这就是说，一旦主体形成创造性的心理活动状态，就使得主体的心理持续发展过程中形成一种自觉趋向创造目标、调动一切积极活动要素进行创新建构的有序指向性。主体的思维创新活动本质上属于一种自觉行为过程。从根本上讲，这是由主体的创新心理活动中的自觉性所决定的。其中，创新心理活动的创造需要、动机与意志等围索，对于形成创新心理活动的自觉性具有重要的意义。

2. 功能活动的强烈驱动性和跃变性

主体的创新心理活动效应作为一种功能活动的存在，从本质上讲，不是一种静态的存在（尽管它有对呈现为平静或平衡态），而是蕴含巨大创造潜能、具有超越、克服一切障碍而不顾的强烈驱动性、冲动性的存在，时时刻刻处于冲动状态中。这种冲动性的功能活动效应也并不是总停留在某一个单向层次上，而是不断处于由某一层次向新的更高层次转化、跃迁、嬗变的综合整体效应的变化发展状态中。

3. 功能活动的渗透性

这就是说，创新心理活动效应并不是一种脱离主体思维创新活动而孤立的功能存在。恰恰相反，它自始至终都渗透于主体的思维创新活动过程之中。这种功能效应的渗透性，是创新心理活动结构对思维创新活动结构发生作用与影响的逻辑中介和重要的途径。也就是说，通过这种效应的渗透，主体的创新心理活动对思维创新活动结构起着启动、驱动、调控、强化与建构的功能作用。

第三节　创新思维心理障碍克服

主体的知识创新思维心理活动结构状态的长期稳定、积累和发展，就形成了创新性心理活动比较稳定综合的表现特征结构，即创新性心理活动的个性特征结构。创新性心理活动的个性结构的形成和发展，又是与其克服心理障碍、进行心理结构的自我完善分不开的。

主体的创新心理结构是一个在运动中不断变化发展的过程，也就是一个自身结构不断得以优化、完善化的过程。现代心理学认为，人的个性结构虽然有其稳定存在的一面，但也有其可塑性，从而可以改造完善的一面。创造心理活动结构优化完善的过程，就表现为创造个性结构因其可塑性的存在而可以改造完善的过程。具体说就是表现于创造性的性格完善和气质的培养。这个过程同时也就是创造心理活动的障碍不断得以克服的过程。因此，创新心理个性结构的完善与创新心理活动障碍的克服是同一活动过程中两个相互联系的方面。

关于创新心理活动障碍的克服和纠正，以便完善创造心理结构，是目前现代心理学、创造心理学研究中一个很重要的问题，取得了丰硕成果。在此我们不再赘述，仅就一些主要问题提出哲学意义上的理解。

一、心理障碍的消极品质

应该说，阻碍创造活动功能发挥的消极心理品质是复杂多样的。归纳起来，主要存在以下消极的心理品质因素：

（1）胆怯心理。这种心理因素容易抑制冒险心理的产生。丧失创造的信心与热情，削弱人的创造意志，从而阻碍人的创造心理活动效应的发挥。

（2）嫉妒心理。这是一种不良的社会心理因素。这种心理持续过长容易损害心理健康可使人的植物神经系统功能失调，情绪不安定；它使人分散注意力，挖空心思编造谣言；它破坏创新群体的心理协调，造成人际关系紧张，降低群体的创造效率；它给他人造成心理压力甚至心理创伤，影响他人创造力发挥。显然，嫉妒心理是阻碍创造力发挥的重要的消极心理因素。

（3）从众心理。这种心理容易使人缺乏创新动机，丧失创新兴趣和冒险心，缺乏独创意识，盲目服从和束缚于权威以及传统势力，造成心理呆板、迟钝、盲从，从而阻碍自身创造心理活动功能的发挥。

（4）骄傲自满心理。这种心理同样使人产生懒惰心理，减弱创新兴趣与好奇心，抑制创新热情，缺乏创新动机，从而孤立封闭自身心理状态、阻碍创造力的发挥，等等。这些消极的心理品质的存在就形成了知识创新思维活动过程中的阻碍，从而压抑着或制约着主体知识创新思维心理活动系统的功能效应发挥。

二、心理障碍克服的途径和方法

这是一个涉及面较广的复杂问题。这是一个涉及面较广的复杂问题。在这里，我们只提出原则性问题。克服和纠正消极心理因素，进行心理活动自我调适，这同时也是一个依靠自我意识能动性的发挥，进行自我反思的认识活动过程。这可以从以下主要方面入手：树立正确的世界观；正视自我、接受现实的自我；确定适度的抱负与志向，胸怀大志；培养健康的情感、陶冶性情；防止和克服具体的心理冲突；积极参加各种社会活动、有规律地生活，等等。总之，一方面纠正和克服消极不良的心理因素的产生；另一方面积极地有意识地培养优良的创新思维心理因素，这是优化和完善主体创新思维心理活动结构的唯一途径。只有这样，才能在不断优化的基础上，发挥更大的创新思维的心理潜能，从而促使知识创新思维活动功能的发挥以获取更大的成功。

第四章

知识创新的个体思维系统构成

如前所述，知识创新的社会实践活动无疑是一个系统思维创新的社会过程。在这种系统化的思维创新活动过程中，必然会存在着不同的思维创新主体及其具体活动形态，或者说，知识创新的系统思维活动是一个思维多元主体相互作用、相互融合而不断建构的社会化过程，从而显现为各种思维主体及其具体的思维活动形态交互运动、纷繁复杂、生生不息的极其生动的思维系统生态。对这种知识创新的系统化思维社会活动状态，我们可以从横向与纵向这两种向度来进行具体的把握。

从知识创新的社会系统思维活动的横向层面来看，知识创新的社会思维无疑是其个体思维与群体思维创新而融合的过程。而知识创新的个体思维活动作为人类思维创新社会活动的基本形式，本质上不仅也是一种系统化过程；而且还是知识创新社会思维活动的基本单元与层次，在整个知识创新社会系统思维活动过程中具有独特的重要地位与功能，值得我们首先加以深入研究。

第一节　个体思维创新系统要素构成

任何事物的构成及其活动都必然有其特定的要素。人的知识创新思维活动也同样如此。从作为知识创新活动之主体的人自身来说，可以分为二个层面：作为个体主体的人和作为群体主体的人。作为个体主体的人的创新思维活动来说，其本身就是知识创新的思维活动的重要基本形式。它作为一个高级复杂的思维活动系统，也必然是一个由自身活动诸要素所构成的有机整体。就知识创新思维的个体活动系统来说，它的要素结构同样也是一个系统的结构存在。对之我们可以对其进行多层面的透视。从最基本的层面来说，我们可以从以下两个基本层面来进行具体的把握。

一、材料层面要素

就任何个体思维活动来说，它的构成要素应该是多方面的，或者说，对其思维活动的构成要素可以做多种意义的规定。从最基本的构成意义来看，知识创新的个体思维活动首先是由一系列材料要素来构成。任何个体思维活动的形成和发展都离不开最基本的材料要素，就如同建筑大楼不能缺乏砖瓦材料要素一样。就个体思维创新活动的材料要素来说，主要有以下基本的材料要素。

1. 知识

不言而喻，知识是构成任何形态的思维活动的最基本的材料要素。知识创新的个体思维活动也不例外。没有知识，就不可能形成任何形态的思维活动。知识是任何形态的思维活动所借以形成和展开的基本材料，或者从某种意义上说，思维活动是一个以知识为主要的内在中介而得以展开的运动过程。如果没有知识材料要素的参与，任何主体的思维活动都不可能得以发生和发展，更不用说创新思维这种高级复杂活动形式了。

关于知识的涵义，我们在前面已做了较详细的分析，提出知识可以从多种意义上加以规定。而从最一般的认识论意义上来说，所谓知识就是指人类主体在改造自然和社会的实践活动中积累起来的精神文化财富与认识成果。从这种认识论意义上来讲，知识本质上就是主体在社会实践活动场所中对自然客体和社会客体（包括主体自身作为认识对象的客体）的正确反映，即它正确反映了这些作为认识对象而存在的客体自身的内在本质及其运动规律。知识既是主体在社会实践中对客体进行思维认识活动的产物与结果，又是主体对客体进行进一步思维把握的内在要素与前提条件。从信息论意义上来说，知识的本质就是关于对事物客体结构的本质及其特性的表征，从而对主体具有新知性意义而能够消除主体认识活动的不确定性的价值意义。按照不同划分的标准，知识可以分为不同的类型或层次。诸如自然科学知识、社会科学知识和思维科学知识；日常生活经验知识与科学知识；感性经验知识与理论知识；基础理论知识与专业理论知识，等等。这实际上也就表明，人类的知识是极为丰富多样的。就个体思维创新活动来说，它绝不可能只是属于某一种知识材料要素的孤立运行状态，而必须是由多方面知识或者说多种知识相互作用、共同协调进行的复杂活动。不同的知识甚至同一种知识在思维创新的实际过程中，由于所处的具体地位不同而会被赋予不同的思维属改的规定。这同时也表明，在人的思维创新的实际运动过程中，主体的各种知识必然会结成相互作用、相互制约和相互促进的运动状态——即形成特定的知识运动结构。所谓知识结构，换言之，也就是指主体的知识体系的构成状况与组合方式，即各种知识相互联系、相互作用的方式与状态。不同的知识教育背景会形成主体的不同的知识结构。而不同的知识结构在思维创新的实际运动过程中会具有不同的功能。充满活力而合理的知识结构无疑最具有思维创新的生机与活力；而呆板僵化落后的知识结构不但不具有创新的活力，反而严重阻碍知识创新思维活动的产生。

　　合理的知识系统结构，对于知识创新思维活动来说，会具有以下基本的创新功能。首先是具有思维创新的定向启动功能。知识创新的思维活动是一个由各种活动要素指向特定的思维对象而展开的组合运动。储存于人脑的原有知识作为寓含特定意义的思维材料就成为对新的思维问题进行指向思考的原生点。对问题的思考过程实际上就是利用已知的知识材料进行演绎、推理而不断趋近思维目标的过程。在这种创造性思维的过程中，起着启动与写向的功能的一般是公理性的元知识。它们作为思维运行的起点，不仅启动了思维的运行、规定了思维发生点，而且还规定了思维创新运动的基本方向与轨迹。其次是具有思维创新的选择与统摄功能。知识创新的思维活动实质上就是一个诸思维要素在特定层次上进行重新组合的过程。在这个创造性的重组过程中，必然存在着以某种知识为主体去选择和统摄其他知识材料，以建构新的知识体系的运动趋向。库恩曾提出过，知识体系的发展、科学的发现就是一个以"范式"的知识为主体去选择和统摄其他知识材料而扩张的过程。再次是具有思维创新的移植组合建构功能。知识创新的思维活动从知识系统自身的发展意义上来说，也是一个不同的知识材料按照一定的内在联系重新加以移植组合的建构过程。在思维创新过程中，不同的知识之间必然存在着逻辑联系，从而彼此之间可以相互贯通、相互过渡、相互渗透而移植一体，从而建构成具有新意义的思维知识成果。

2. 语言

语言是人类思维活动的物质外壳，是人类思维活动得以展开进行的内在的中介，是思维信息的直接载体。因此，不难理解，语言是人的任何思维活动所不可缺少的构成要素，当然也是知识创新这种复杂高级的思维活动的要素。

一般说来，语言是指具有一定的形（音）义的符号系统。它是由声音（语音）、词汇和语法这三个部分所构成。语言从一开始就是作为表达、储存和传递思维知识信息的载体而存在的。笔者认为，就语言本身来说，它应该说是由两个部分构成，即意义本体与特定的符号形式。简单地讲，语言作为意义的存在，总是以特定的符号为其存在形式。当然，这种作为语言意义（即语义）存在形式的符号，并不是简单的空洞抽象，而是寓含特定意义的符号。因此，语言从其本质上来说就是一种储存和传递信息意义的符号载体。符号是人类从思维把握现实世界的重要手段。卡西尔认为，符号化的思想与符号化的行为是人类生活最富有代表性的特征，可以把人定义为符号动物。人类经过漫长时期，才从实物性操作发展到运用符号思维的符号操作。语言符号行动是人类成熟的标志。按照研究的不同意义，可以把语言符号系统分为不同类型，诸如，自然语言与人工语言；外部语言与内部语言；动作语言与口头语言和书面语言，等等。

语言与思维究竟是什么样的具体关系，虽然理论界仍有不同的理解，但有一个基本观点应该说是可以得以明确和共识的，即语言与思维作为不同的事物，是能够密切联系在一起的。从完整的思维活动意义上来说，语言是人的思维活动不可缺少的要素。没有语言就不可能有完全意义上的思维活动。因为人的思维活动总是以语言符号为中介，并借助语言符号而得以表达出来、体现于社会交往实践过程。从知识创新的意义上来说，语言具有以下思维创新的基本功能。首先，语言具有思维信息储存、传递和表现的功能，是思维创新活动得以展开的前提条件。语言以它自身特定的形音符号形式来记录和储存思维信息，并通过自身在人的社会交往活动而传递和表达特定的思维信息。其次，语言还具有自身特殊的生成转换创造功能。由著名的美国语言学家乔姆斯基所提出的生成语法学理论认为，文字语言本身具有一种生成转换能力[①]。许多语言学家也都认为，人类创造语言文字符号时，赋予了语言文字符号本身的创造性功能。这主要表现在：可以通过把文字语言的最小单位即词素以新的方式置入语言模式中去；或者像创造成语时那样通过改变原有语词意思的办法，就能创造出的新的语言信息；此外，语义自身的多重灵活性或多重歧义性也为语言文字符号在不同语境中的运动组合也赋了自身创新的契机与功能。因此，我们不难理解，在知识创新的个体思维活动中，由于语言文字符

---

① 参见：《乔姆斯基理论的目的、方法及语言能力先天论》，载《现代汉语》，1991年第 4 期。

号要素的参与，借助于它自身的生成转换功能特性，必然会形成整体思维创新活动的内在机制。

3. 思维观念

知识创新的个体思维活动本质上应该说是一种自觉行为，即是说知识创新的思维活动绝不是一种盲目性的随意行为，而应该是一个有目的有意识并受一定思维观念所支配的积极能动的自觉过程。这也就是说，思维观念也是人的知识创新思维活动所不可缺少的基本要素。

观念一词在哲学中有多种含义。它有时指人们由对客观事物的反映所形成的看法或认识；有时也指人的感官由于外部事物作用而形成的某种特定的认识即表象或印象，有时还指作为社会存在反映的社会意识形态，等等。我们认为，认识是观念产生的基础但不等于观念，观念无疑来自于认识，是对认识过程及其成果的升华与概括，这种概括更富有主体意志的价值评价的倾向性。观念也不等同于知识。知识是对客观事物本质的属性的客观反映，是正确的和客观的。而人的观念则是在对知识进行概括和总结的基础上所形成的看法或态度，具有明显的主体倾向性，因而会有正确与错误之可能。对思维观念，我们在此提出自己的理解。即所谓思维观念是指主体对认识客体的过程及其成果进行概括、总结而形成的具有主体倾向性的评价态度或看法。与每门学科的具体知识相联系，总会有由该学科知识概括转化而来的思维观念与之相对应而存在。

由认识和知识转化而来的思维观念，一旦形成后便具有了相对独立性而成为思考问题、分析和评价事物的思维"先验框架"或观念模式，它对知识创新的思维活动来说，会具有以下重要的影响功能。总的来说，就是正确的思维观念无疑会对知识创新的思维活动具有积极的促进功能；而错误的思维观念就会对知识创新的思维活动则具有阻碍功能。就正确的思维观念对知识创新思维活动的积极促进功能来说，又具体表现在以下基本方面。首先，正确的思维观念能正确规定知识创新思维活动的方向，促进其思维活动有序的向前发展。这是因为正确的思维观念作为主体的思维先验框架，具有一定程度的思维定势功能，能够框定、统摄、支配和协调思维其他要素，从而把思维活动规定于正确的运动轨迹或方向，以促进思维运动沿着正确方向运行，获得成功。其次，正确的思维观念对知识创新的思维组合运动具有同化、选择与调控功能。知识创新的思维活动是一个复杂的过程，其参与的各种要素是复杂多样的。正确的思维观念通过发挥思维定向作用，就必然会同化、选择、协调和规范诸思维要素的相互运动，从而促进思维创新运动向预定的目标发展。

4. 思维问题

众所周知，知识创新的思维活动总是围绕着问题来进行的。没有思维问题的存在，就不会有思维创新的可能。从某种意义上说，思维问题是思维创新得以发生的逻辑前提。实际上也是如此，知识创新的思维过程就是一个思维活动诸要素围绕着思维问题而不断深化组合的重组过程。因此，思维问题必然成为知识创新思维活动过程的不可缺少的要素。

对"问题"的含义，可以进行不同意义的规定。有的心理学家把问题比喻为心理行程中通路上的阻碍。而从逻辑学意义是来说，问题是指其真实性或虚假性尚需证明的论题。我们认为，从思维学意义上来说，我们可以把问题规定为人的思维认识过程中已知与未知、已有与未有之间的矛盾或距离状态。问题作为存在于"已知"与"未知"、"已有"与"未有"之间的矛盾状态或距离状态，本质上反映了它们之间存在着不一致或不相统一、不相吻合的关系。这实际上也就是反映了人的主观认识（已知）与客观（未知）的矛盾关系，也可以说是表明了认识过程中主体知识（已知）与客体对象（未知）之间的认识距离。问题总是作为思维对象而存在的，即是说在知识创新的思维活动过程中，问题总是作为被思考的特定对象而规定着。这种作为思维对象而存在的问题，从思维学意义上来看，也具有自身的思维特性，即思维的范域性、待解性、可证性和明晰性。无疑在人们的思维认识过程中，作为问题而存在的思维对象总是复杂多样的，有自然科学问题，也有社会科学问题；有历史问题，也有现实问题；还有未来问题；等等。问题的发生总是在主体以实践活动为基础的认识过程中出现的。问题可以在两种状态中出现：一是客观事物新现象被纳入到认识过程中，作为新的认识对象而与主体已有知识系统发生不一致的矛盾状态或距离状态而出现的问题。二是主体在反思已有知识体系时发现知识体系内部的矛盾状态（即错误）。这种矛盾性的问题发生意味着新的知识（即未知）即出现。它仍然表明了人的已知与未知的关系状态，归根到底仍然是反映了主体认识过程中主观与客观之间不一致的矛盾状态之本质。

问题作为特定的思维范畴，它在知识创新思维活动中具有独特的功能地位。首先，问题的发现或设定是知识创新思维活动得以发行的根本前提和重要阶段。知识创新思维活动作为一个揭示未知领域新发现的整体性运动，总是从发现问题开始的。思维问题是展开知识创新思维活动的逻辑起点。许多学者认为，问题的发现较之问题的解决更为重要。这是因为问题的解决从某种意义上来说，只是在已有的思维对象基础上进行思维研究的程度而已。然而要提出一个新问题或者从新的角度来设定问题，却需要创造性的思维审视，这本身就是一种思维的创新。爱因斯坦说得好，"提出一个问题往往经解决一个问题更为重要，因为解决一个问题也许仅仅是一个数学上或实验上的技能而已，而提出的问题、新的可能，却需要创造性的想象力，而且标志着科学的真正进步"①。其次，问题作为思维对象，其自身的规定性如性质、范围、难易程度等某些属性的规定，会制约着思维其他要素功能的发挥。问题作为被思考和探究的对象，其自身的结构或属性的差异要求参与探索它的其他思维要素的性质与程度是不一样的。属于理论科学的高难度的问题要求主体运用某些专业高深的知识材料；而对其属性存在范围较广的问题进行思维研究则必须要运用多方面的专业

---

① 引自：《物理学的进化》，上海科技出版社1962年版，第59页。

知识材料进行跨学科的综合考察；至于对属于日常工作问题的思考其要求运用的思维材料和思考方式则相对简易些。此外，思维问题规定了知识创新思维运动的发展方向。知识创新的思维活动作为一个围绕着问题而进行的过程，问题在其中成为了制约思维创新运动的核心。人们把问题作为科学发现的出发点。把试错问题和逼近问题（解决问题）看成是实现科学发现目标的基本模式。波普尔曾把科学发现描述为 $P1 \rightarrow TT \rightarrow EE \rightarrow P2$ 的过程，即科学发现总是从问题（P1）开始，通过提出试探性理论（TT），然后通过证伪加以消除错误（EE），从而发展到下一个问题（P2）。因此，思维问题在这里实际上起着牵引或规定着主体的思路向前延伸发展的功能作用。

综上所述，知识创新的个体思维活动就是一个由以上基本材料要素所构成的整体的复杂过程，或者说，是知识、语言、观念和问题等诸方面材料相互作用、相互贯通而不断得以重组以形成创新思维成果的过程。其中，不同的思维材料要素在思维创新的实际过程中具有不同的思维功能特性。

二、能力层面要素

如果说，我们对上述材料要素的分析还只是对知识创新的思维活动进行静态式的透视的话，那么我们还需要进一步对其创新活动进行动态把握。因为，知识创新的思维活动并不是一个上述诸材料要素简单静态的叠加。或者说，并不是只具备了上述要素就等于有了创新思维活动。只有将这些要素充分调动起来，置入实际运动中才能展开真正意义上的创新活动。这就是说，上述诸要素只有借助于思维运动力的功能，才能变死的静止的要素为活动的运动要素，才能形成真正的思维创新活动。因此，对于知识创新的思维活动要素结构的考察，我们还需要进一步把握其运动能力因素。所谓思维运动能力就是指存在于思维活动过程中，调动、组合、变换和推进思维诸要素变化发展的运动力量。它们才是真正使以上基本要素得以活化而运动起来的内在动因，即知识创新思维活动的运动因素。应该说，知识创新思维活动的能力因素是多方面的。一般来说，包含以下基本能力因素。

1. 思维记忆能力

思维记忆能力是任何主体展开思维创新活动所必须具有的最基本能力。无法想象，一个失去记忆能力的人还会有什么思维活动，更不用说创新思维这种高级复杂活动了。从心理学意义上来说，记忆是过去认识过的事物或经历过的事物在人脑内部的回忆和再现。记忆的基本过程就是识记、保持、再认和重现。"记忆力是人脑贮存和重现过去经验知识的能力"①。从思维活动意义上来讲，记忆过程就是主体理解接受（识记）、转换储存（保持）、提取运用（重现）思维信息的运动过程。知识创新的思维活动是一个包含着多层次运动的思维综合的复杂过程，而思维记忆运动则是一切思维活动中其他层次所赖以建立的最基本的运动层次。

我们可以从思维学意义上对思维记忆能力范畴做如此规定：即思维记忆能力就是指主体在思维运动过程中储存信息、提取信息和运用信息的实际操作运动能力。思维记忆能力作为特定的功能运动范畴，它具有以下自身特性即品性或品质：其一，思维记忆能力具有敏捷性。这是指思维记忆能力在功能运动速度方面的特性，具体表现为主体在较短时间内储存和提取较多信息。思维记忆能力这一品质与人的暂时神经联系形成的速度有密切关系。其二，思维记忆能力的持久性。这主要是指思维记忆力在储存思维信息运动方面的功能特性。它一般是指记忆活动及其巩固的程度，表现为较长时期保持在人脑中。思维记忆能力的这种特性既与人脑生理暂时神经联系的持久性有关，也与记忆活动本身重复的频繁性有关。其三，思维记忆能力的准确性或还原性。它主要是指思维记忆能力在提取和运用信息的功能运动中再现事物本质程度上的特性。这种思维记忆能力的特性既与客观事物

---

① 鲁克成：《创造性心理与技法》，西北工业大学出版社1988年版，第105页。

本质的性质有关，也与主体认识方法有关。其四，思维记忆能力的相关性或系统性。这是指思维记忆能力在储存、提取和运用思维信息的功能运动中所具有的由此达彼、由点到面循序展开、把诸信息联系起来的功能运动性质。它常表现为主体由某种信息"记"起或"忆"起另一信息而把相关信息联起一片。它容易促使主体产生的思维的发散、联想和想象。

　　思维记忆能力依据其不同的运动功能可分为不同的具体类型。从知识创新的思维活动意义上来说，思维记忆能力作为任何思维活动形式所必须依赖的最基本的运动能力，它在主体的知识创新思维活动过程中具有重要的功能：其一，它是主体知识创新思维活动形成和发展的信息运动机制。如前所述，思维记忆本质上就是主体的思维信息的储存、提取和运用的过程。或者说，它是作为人脑内部信息运动的形式而存在的。知识的创新是离不开思维诸信息运动的。从某种意义上说，知识创新的思维活动就是一个思维诸信息在特定的层面或空间进行重组的建构运动。如果离开了思维信息运动这一基本层面或前提，知识创新就成为了空洞的抽象而根本没有发生的可能。其二，它具有调动、组织其诸要素的驱动功能，为主体的知识创新思维活动提供内在的动力。这就是说，主体通过发挥思维记忆能力可以把思维诸信息材料从大脑信息库中提取出来运用到特定的思维创造空间去进行组合，从而为思维的创新活动起到了启动、调动、组织和传递思维材料的驱动功能。值得说明的是，在思维创新的实际过程中，这种思维记忆能力所发挥的传递和调动的功能并不是简单地再现或重复，它往往由于其运动的相关性而会具有能动性质，从而为思维的创造赋予了创新契机。其三，它在知识创新思维活动中也是形成和制约其他思维运动能力的内在基础。知识创新思维无疑是一个由多种思维活动能力相协调进行的复杂过程。而知识创新思维活动所依赖的其他思维活动能力诸如后面要讲的思维逻辑抽象能力、思维发散能力和思维想象能力等等，都是在思维记忆能力基础上形成的并受其功能的制约。一般来说，思维记忆能力越强，其他的思维能力诸如思维发散能力与想象能力等也会愈强。

2. 思维逻辑能力

知识创新的思维活动从本质上说，它作为一种具有高度综合互补的整体性思维过程，总是其逻辑性思维与非逻辑性思维相内在统一的过程。那种把创新思维简单看成是非逻辑性思维活动的流行观点，是忽视了创新思维整体本质的片面观点。因此，思维逻辑能力也是主体进行知识创新思维活动的重要能力要素。思维逻辑能力无疑与逻辑思维形式是密切相关的，但二者毕竟不能等同。前者是属于活动范畴，侧重于从深层次的运动力量的内在把握；后者由是形式范畴，侧重于反映其活动的外在表现形式。

思维逻辑能力是指主体在思维逻辑活动层面组合、概括、提炼和运用思维诸要素的实际运动能力。它具有以下运动特性：其一是思维运动的抽象性。即是说，它在思维运动中具有对思维诸要素特别是对思维对象和知识材料进行抽象概括、从而把握事物内在本质并在脱其感性形象而在其本质层面进行运动组合的功能特性。其二是思维运动的程序性。这就是说，它在组合、调配思维诸要素的运动中具有运动过程的步骤性、规则性和连贯性逻辑程序特征。其三是思维运动的集中同一收敛性。这是指它在组合、连贯和变换思维诸要素的过程中具有将相同事物或相似事物或按共同本质要求将诸要素组合在一起，从而保持其思维运动连贯同一于一个共同的逻辑方向的功能特性。它表现为在思维实际运动过程中力图从诸多个性的差异中集中获取其共性的运动趋向力，呈现为由多个思维方向或道路、按一定的逻辑程序渐渐集中、收敛到某一共同点上的思维倒扇形状态，即异中求同。这与思维发散能力是不同的。有的学者因此把逻辑思维视之为收敛性思维也是不无道理的。

思维逻辑能力作为主体思维活动的重要运动能力在知识创新思维活动中具有重要的功能地位：其一是它具有知识过渡、校正、推新和变通的思维创新功能。知识创新并不是一个凭空产生的过程，它总是从原有知识系统中产生出来的。从原有知识到新知识的出现，必然要经过一个遵循知识体系自我发展的逻辑过程。这是一个遵循概括、演绎和推理的逻辑发展过程。新思想的出现还要经过逻辑的检验和校正；演绎推理本身具有纠正错误、克服缺点、提出新见的创造性；类比推理可以从事物相似之处进行知识之间的联结组合、触类旁通，形成新的知识成果。其二是它始终贯穿于主体知识创新思维过程之中。无论是主体的何种思维创新活动都离不开其逻辑运动能力的作用。知识创新的思维活动绝不是一个胡拼乱凑的过程，而是包含着对事物深刻理解，按照事物内在本质的要求进行创造的过程。对思维要素的取舍、组合和变换都必然存在着一个思维概括、分析和综合的逻辑向度。例如，就形象思维创造活动形式来说，对形象材料的取舍与组合就包含着一个逻辑的概括、分析与综合的过程。而就灵感直觉思维创造活动形式而言，它作为本质上属于潜意识与显意识相互作用的整体过程，其显意识领域的逻辑思考则是其形成的首要阶段和前提基础，没有逻辑的思索的"长期冥思苦想"，就不可能有"偶尔得之的顿悟"。因此，任何类型的知识创新思维活动本质上都内在地包含着思维逻辑运动层面，而并不是一个纯粹的非逻辑的活动。

3. 思维发散能力

众所周知，主体的知识创新思维活动是一个体现主体思维灵活变通、全方位多思路进行的自由创造的过程。它体现为一个不断超越思维传统限制、不断拓展思维视角、灵活转换思维的自由状态。而知识创新思维活动的这种功能状态，就是主体借助于思维发散能力来形成的。思维发散能力是主体从事知识创新思维活动的一种重要的运动能力要素。

思维发散是指主体的思维活动呈多方向、多层次、多视角的展开过程，宛如一盘散沙在风中被吹散一样而沿着不同方向、上下左右前后地弥漫散去。思维发散能力作为特定的思维范畴则是指存在于这种运动状态之中不断寻找思维方向、变换思维视角、以促进思维活动多向发展的思维实际运作能力。这种思维发散能力在知识创新思维活动中体现出以下自身运动特性。其一是它的变换灵活性。即是说，它在推进思维运动向前发展过程中会不断灵活地变换思维方向和思维视角，从而不断拓展出新的思维运动层次，以获得最佳的思维创新契机。其二是积极的求异性。这就是说，它体现出主体在思考同一问题时总是与众不同、不遵循和固守同一思路或同一思维模式而是力图在不断变换思维方向和思路的过程中去寻找新的与众不同的思维方向。因此，思维发散能力本质上是一种思维求异能力，这对于思维创新来说意义十分重要。其三是运动的扩散性。即是说思维发散能力在思维运动过程中力图推进思维运动向更多的不同方向分散开去，从而不断拓展了思维运动空间、以寻找到更多的不同的思路。这种思维活动的扩散性不仅表现于整个思维运动呈现为四维向度的扩散状态，而且也意味着在同一个思维方向或层次的运动过程中会从中不断分化出更多具体而更深的层次，"化一为多"。

思维发散能力在知识创新思维活动中具有重要的地位与独特的功能。首先，它具有开拓思路、以提供更多思维创新契机的功能。知识创新思维活动之所以具有与众不同的创新性质，就在于它解决思维问题时能独辟蹊径、从新的方向进行思考找到问题的突破口而获得成功。在这里，寻找新的正确思路，沿着正确的思维方向是进行创新的关键。而借助于主体的思维发散能力可以在不断拓展思维空间过程中自由灵活地变换思维方向，从而获得更多思维创新的契机。其次，它具有突破思维定势的障碍、转换思维视角，以增强思维创新活力的功能。思维定势是主体按照某一固定思维方向进行思考的思维习惯。虽然它可以简化思维过程，在一定程度上可以提高思维活动效率，但它更容易造成主体思维活动的惰性与僵化，对于思维创新来说具有更大程度上的消极作用，表现为它容易限制主体的思维活动于某一个固定的思维活动空间，造成思维活动的封闭性，扼杀思维创新活力。而增强主体的思维发散能力可以不断变活脑子、有利于其克服思维定势的消极影响、打破思维旧框框、变换思维视角、拓展思维方向、上下左右展开思考、从而不断增强思维创新活力。

　　4. 思绪想象能力

　　知识创新的思维活动的形成和发展，意味着主体的思维运动冲破了传统思维空间的限制而进入了自由遐想、辽阔深远的思维创造空间。而这种思维创新活动空间的形成又是与主体发挥思维想象能力是分不开的。因此，思维想象能力是主体从事知识创新思维活动场所的又一基本运动能力要素。

　　关于思维想象力，许多学者对此有不同定义。有的人认为，想象是在人脑中对已有表象进行加工而创造新形象的过程。也有人则认为，想象是在感觉表象基础之对客观现实的某种特征进行思维的形象。而美国学者 S. 阿瑞提在《创造的秘密》中提出，"想象是心灵的一种能力，是心灵在有意识的和清醒的状态下产生或再现多种符号功能的能力"。我们认为，从思维学意义可以这样来对思维想象力进行规定，即思维想象能力是指主体在思维活动中利用思维形象（包括思维表象与意象）进行时空跨越以形成新思维形象的思维实际动作能力。它在知识创新思维活动中具有以下基本的功能特性：其一是思维意象的组合性。即是说，它在思维活动中把某些寓含思维意义的形象材料进行变换与重组，整合为具有新的思维意义的形象。这个过程可以说是思维意义与思维形象材料相结合而生成的过程，即思维意象组合。其二是思维时空跨越性。这是说它作为主体的思维活动能力可以超越某种思维空间的局限、或天南地北、或古今中外，以跨越不同的时空维度进行意象组合。其跨越时空维度的层次越多、领域越广阔，其思维创造的意象就越丰富、越新奇。其三是其高度的思维自由性。即是说它在思维创新活动中进行意象组合时既可以遵循事物的某种逻辑相关联系，也可以打破某种事物既定的逻辑规则，具有高度自由灵活性，自由纵横驰骋、变幻无穷。

　　思维想象能力在知识创新思维活动中具有重要的功能地位。爱因斯坦说过，"想象力比知识更重要，因为知识是有限的，而想象力概括着世界上的一切，推动着进步，并且是知识的源泉"①。哲学家康德也说过，"想象力作为一种创造性的认识能力，是一种强大的创造力。它从实际所提供的材料中，创造出第二自然"②。具体来说，思维想象能力在知识创新的思维活动中具有以下主要的创造功能：其一是思维重组整合功能。这就是说，它可以突破思维限制、进行多层次、多方面的思维重组与整合，以创造出新的思维形象。这种思维重组与整合不仅仅存在于思维形象材料的奇妙组合，也存在于不同思维意义的有机结合，从而赋予新的思维规定。有的学者把这种想象力的重组与整合功能比喻为万能胶的"黏合"，认为，"想象，就像一瓶万能胶，它能把各种相近、相似、甚至相反的东西连接在一起"③，这是有道理的。其二是思维空间的拓展功能。知识创新的思维活动过程从某种意义上说，也就是一个不断突破思维空间限制，去寻找和发赋新的思维空间领域的过程。而主体凭着思维想象力的翅膀，就可以不断冲破思维空间的层层限制，拓展思维领域，从天到地、从古到今，自由灵活地进行思维创造。其三是思维活动的激励导向功能。这就是说，主体的思维想象力所创造出来的意象会一步步地激励、推进和牵引着思维创新运动身前纵深发展，从而撷取成功的智慧之果。英国物理学家延德尔就这样说过，"对于法拉第来说，他在实验之前和实验之中，想象力都不断作用和指导着他的全部实验。作为一个发明家，他的力量和多产在很大程度上应归功于想象力给他的激励"④。

---

① 见《爱因斯坦文集》第 1 卷，商务印书馆 1979 年版，第 284 页。
② 见《西方文论选》上卷，第 564 页。
③ 胡伦贵等：《人的终极能量的开发——创造性思维及其训练》，中国工人出版社1992 年版，第 125 页。
④ 胡伦贵等：《人的终极能量的开发——创造性思维及其训练》，中国工人出版社 1992年版，第 104 页。

5. 思维直觉能力

人类知识创新思维活动历史表明，许多科学发现是由人的灵感直觉思维活动形式所带来的。灵感直觉思维活动也是人的知识创新思维活动的重要形式。而灵感直觉思维活动的形成与发展则是与人的思维直觉活动能力是密切相关的。因此，人的思维直能力也是人进行知识创新思维活动的重要能力因素。

大多数的哲学家和自然科学家都认为，直觉是人的一种认识能力。斯宾诺莎认为直觉是高于推理并完成推理知识的理智能力。莱布尼茨也认为直觉是认识自明的理性真理的能力。到了现代西方唯心主义哲学家那里，则进一步把直觉变成了一种神秘的与理论思维和实践活动毫不相关的认识能力。我们认为，从思维学意义来说，所谓思维直觉能力是主体在思维活动的潜意识与显意识相互贯通时所产生的一种直接迅速把握思维对象本质的高级统摄能力。它在知识创新思维活动中具有发下运动特性：其一是它的整体性。这就是说，思维直觉能力在把握思维对象时，侧重于对对象的整体本质的把握而不拘泥于其细节、不停滞于某些方面或阶段。它是迅速越过其具体细节、某些个别方面的层面而直接迅速地统摄对象的整体本质。其二是它的潜意识与显意识的贯通性。许多学者都看到了思维直觉能力的潜意识中的非逻辑性，认为直觉的形成只是在潜意识中形成的，是潜意识中产生出来的一种思维能力。我们认为这只看到了问题的一个方面，并没有把握到思维直觉能力的全面本质。其实，科学家对某一问题形成的瞬间的思维直觉过程，总是以他对该问题在显意识中进行过多次逻辑思考为基础的。如果没有显意识的逻辑思考的信息沉淀于潜意识，就不可能在潜意识中产生思维直觉（关于这一点，我们还会在后面的具体分析中谈到）。因此，从本质上讲，思维直觉能力是潜意识与显意识相互贯通时所形成的一种思维运动能力。其三是它的思维过程的跳跃性与简化性。这就是说，思维直觉能力具有能迅速跳过或越过思维过程的具体细节、个别阶段或层面而直接把握思维对象的整体本质，却对其具体的思维过程的细节、步骤和阶段等"一无所知，恍然若无"，即把其具体细节等忽略省去了、简化了。

在知识创新思维活动中，主体的思维直觉能力具有重要的创造功能。其一是它具有思维创造的激励与导向功能。思维直觉能力是在主体具有丰富的思维活动经验、广泛而渊博的知识层面和各种思维运动能力相互协同基础之形成的，因而具有超越具体环节的局限、直接趋近对象本质的超前洞察力，由此而不断引导和推进思维创新运动向前深层本质方向发展。例如，居里夫人在谈到自己直觉时说，"我不能解释那种放射作用，是一种不知道的化学元素产生的。……这种元素一定存在，只要去找就行了……我深信试验没错"，在这种思维直觉能力的激励与引导下，一种新的元素——镭就被发现了①。其二是高度的思维简约统摄综合功能。知识的思维创新就是在新的基础上的思维综合。思维直觉能力凭借其思维超前洞察功能在省略其具体细节层面上能对事物本质进行直接简约的高度统摄与综合，以形成一个新整体思维成果。当然，这种成果作为思维简约综合带有某种程度上的朦胧性、不够精密，需要在显意识中加以逻辑的验证和补充与完善。但不过否认的是，正是凭借这种思维直觉能力所形成的对事物本质进行的高度简约而朦胧的综合，往往意味着一个伟大的发现会脱颖而出。

第二节　个体思维创新系统要素整合

综上所述，我们分别对知识创新的个体思维活动系统的要素结构进行了较深入的剖析，即分析了知识创新思维活动的诸材料层面要素与诸运动能力层面因素，分别探讨了其具体特性及其功能地位，从而说明了知识创新的个体思维活动系统所形成的基本成分及其内在动因。值得说明的是，知识创新思维系统活动所依赖的知识、语言、思维观念及其思

---

① 引自胡伦贵等著：《人的终极能量的开发——创造性思维及其训练》，中国工人出版社1992年版，第95页。

维问题等材料要素在知识创新思维活动中并不是相互孤立或割裂开来的，而总是相互联系、相互作用，从而共同参与、整合形成新的思维知识成果。

一、诸要素的相互作用

从某种意义上来可以说，个体主体的知识创新的思维活动是一个发生在其头脑内部的思维系统过程，即是说，主体进行知识创新的思维活动并不是单纯依靠某一种思维要素而进行的孤立状态，相反，是通过各种思维要素相互作用、相互贯通和相互碰撞而进行的整体性活动过程，是一场发生主体头脑内部各种思维要素相互碰撞、相互关联和相互融合的思维大风景。从某种意义上我们还可以说，知识创新的思维活动可以表现为主体创造新知识的智力活动。而正如有的学者所指出的，"其实，智力是一类有强烈生克转化功能且无形多变的复杂力系……是由分别属于观控知识信息、变化事物等智力元素有机复合而成的复杂系统"①。因此，从本质上来说，主体的知识创新思维活动是一种系统性思维活动。正是在这种主体由各种思维要素而相互碰撞、相互贯通和相互融汇的系统性运动过程中，才能真正生成具有新知意义的思维知识成果。

而这些思维诸材料要素之所以能得以相互联系和相互贯通，又是其思维诸运动能力因素的功能发挥的结果。一般来说，主体通过实践和学习途径所获得的各种知识、语言文字、观念、经验等要素在人脑内部是作为静态的思维信息要素而储存下来。它们是主体进行知识创新思维活动的前提条件或对象性的加工制造要素材料，属于静态性的思维信息材料要素。要真正形成主体的知识创新思维活动，还必须使这些潜在的静态性的思维信息材料"活"化起来、激活起来、运动起来，使它们真

---

① 向中，陈兰，张伟：《复杂智力系统的泛系探索》，见乌杰、吴启迪主编：《新世纪、新思维》，中国财政经济出版社2004年版，第159~160页。

正成为知识创新思维运动中的生成要素。而这种由静态性的潜在性的思维信息转化为运动中的活化性的思维信息要素则是通过思维运动能力层面要素的功能发挥而实现的。正是由于这些诸思维运动能力的功能作用才得以激发或激活这些诸思维材料要素，使之相互作用、相互联结和贯通起来，由静态要素结构转换为活的要素动态状态。因此，从本质上来说，主体的知识创新思维活动是由其思维材料层面要素和其思维运动能力层面要素这两个方面相互作用、相互贯通和相互融合的整体建构过程。二者缺一不可。

还值得说明的是，在知识创新思维活动过程中，诸思维运动能力也不是孤立存在，相互割裂的，或者说，主体的知识创新思维活动并不是由某一种思维运动能力而简单进行的孤立活动过程，相反，它是主体各种思维运动能力相互作用、相互补充和相互促进而有机联系在一起共同发挥功能作用结果，只不过是其不同的思维运动能力所显现的程度不同罢了。科学发现历史事实也充分表明，任何一项知识创新的思维活动，并不是单凭某一种思维运动能力孤立发挥作用而进行的。它往往是由主体多种思维运动能力共同作用、相互协调、相互促进的结果，只不过是哪一种思维运动能力在活动中占据主要地位，就赋予该思维活动与这种思维运动能力相适应的某些特征而已。例如，在知识创新思维活动中，如果其思维逻辑运动能力的功能发挥占据其知识创新思维活动过程主导地位的话，那么我们就称之为知识创新的逻辑思维活动形式。但这并不否认主体其他的思维运动能力在其中所发挥的重要作用。

二、内在运动形成特定形态

不难理解，知识创新思维活动的材料层面要素与其能力层面要素的相互作用、相互贯通和相互整合构成了其创新思维系统的内在运动。这种知识创新思维系统的内在运动就成为其特定的思维活动形态的内在根据或条件。或者说，知识创新思维活动的内在运动就决定了主体特定的知识创新思维活动具体形式或形态的形成。不言而喻，在这两个层面相互结合的思维整合过程中，其构成的思维活动材料层面要素及其相应的思维运动能力层面要素不同，那么其具体的知识创新思维活动形态也必然会有所不同。

　　思维发散能力和思维逻辑能力是任何主体知识创新思维活动所必须共同具备的最基本的思维运动能力。因为，这两种思维运动能力是代表了知识创新思维活动中两种既相反又相成的最基本的方向力。没有这两种思维运动能力的制约，知识创新的思维活动或者就会失去活力而陷入僵化；或者会由于失去有序的约束而陷入无序的胡思乱想和空想。因此，它们作为最基本的思维运动能力存在于任何主体的知识创新思维活动类型之中，并且在知识创新的实际思维过程中，这两种思维运动能力作为基础性能力往往又是相互结合在一起而共同发挥作用的。在这两种思维基础能力作用的基础上，不同的思维活动材料层面要素与不同的思维主要运动能力层面因素（因为不能排除其他思维运动能力因素的参与）相结合，就会构成不同的知识创新思维活动的具体类型或形式。

　　以经验性知识材料为主的思维活动要素，在较低层次上和较狭窄的思维活动境域内直接与包括收敛性思维运动能力在内的而以发散性思维运动能力为主（诸如侧向思维能力、反向思维能力、横向思维能力等）的思维能力相结合，一般就会形成主体知识创新的经验思维活动形式或类型。

　　以抽象的概念知识或理论知识为主要材料的思维活动要素，在较高层次上和较广阔的思维活动境域内与以抽象逻辑思维能力为主的思维运动能力相结合（当然也不排除其他思维运动能力的参与作用），一般便会形成主体知识创新的抽象逻辑思维活动形式或类型。

　　以意象形象为主要材料的思维活动要素，在较高层次上和具有广泛背景知识的思维活动空间里，与以思维想象力为主要运动能力、同时也包括其他思维能力在内的思维运动能力相结合，共同运动、产生具有创新意义的新的意象思维成果。那么，这种思维活动我们一般就可以称之为知识创新的形象思维活动形式或类型。

而思维活动要素在更深层上、在潜意识与显意识之间相互贯通的境域内，凭着以思维直觉运动能力为主的思维运动能力的发挥（当然也不排除其他思维运动能力的共同作用），在相互碰撞、相互作用的活动中产生灵感，结合成具有创新意义的智慧之果，就会形成知识创新思维活动的最高级形态即灵感直觉思维活动形式或类型。

值得说明的是，以上对思维运动能力在主体知识创新思维活动中的这种功能地位的划分只具有相对的意义，只是以其主要思维运动能力倾向为基本依据。如上所提到的，这并不否认其他思维运动能力的交叉作用或共同作用。这是因为，主体的知识创新思维活动本质上作为一种整体性功能活动，必然是包含着多种思维运动能力的协同作用在内的综合过程。但是任何一种知识创新的思维活动基本形式或形态，总会包含着一种主要的思维运动能力，并以此体现为其思维活动的主要的运动倾向和主要特征，从而可以成为划分主体知识创新思维活动具体形式或形态的基本依据，这也是不难理解的。

第五章

知识创新的个体系统思维活动形式

如前所述，知识创新思维活动的材料要素与其运动能力因素的内在贯通和相互整合，就会形成特定的思维创新活动的具体形态或类型。那么，总的说来，知识创新的个体思维活动有哪些具体形态或类型？其思维创新活动的内在机制是什么？这也是我们必须加以深入研究的重要问题。

从本质上来说，人类具体的思维活动形式总是与主体的特定的具体的实践活动形式及其实践的社会历史阶段相联系在一起的。不同的历史时代、不同的社会实践活动领域及其具体形式，必须会形成主体不同的思维活动具体形式。人类知识创新的思维系统活动也不例外。这就是说，对于人类知识创新思维活动的具体形式，我们可以按照不同标准进行不同的划分。

第一节　知识创新的经验思维形式

按照由低级向高级发展的标准，我们可以把知识创新的个体思维活动分为以下基本类型，即知识创新的经验思维活动、知识创新的抽象逻辑思维活动、知识创新的形象思维活动和知识创新的灵感直觉思维活动等。而知识创新的经验思维活动是知识创新思维活动形式或类型的历史发展的基础与起点。因此，我们有必要对之进行深入分析。

一、经验思维创新功能

经验思维活动有没有创新意义？理论界对之也有不同看法。有些人把创新思维仅局限在狭义的高层次科学理论研究领域，因而也就否认了经验思维创新活动的普遍性。而从广义上来理解思维创新的论者认为，任何人的一切思维活动都可能有创造性，当然也包括了经验思维活动形式。我们也持同样观点。

经验活动属于主体实践活动范畴。主体在从事经验实践活动中所展开的思维活动就属于经验思维活动。主体的经验思维活动与其实践活动虽然是两个不同层次的活动，但却息息相关。换言之，主体的经验思维活动往往是直接在其实践动作过程中进行的。因此，也可以说，经验思维就是主体的实践动作思维。从人类思维活动形态或类型发展的历史过程来看，人类思维活动诸形态就是从其经验动作思维中逐步分化发展起来的。主体的实践动作活动是其思维活动形成与分化发展的基础和生长点。而与实践动作直接密切相关的经验思维活动也就必然成为了其思维活动诸形态进一步分化发展的历史基础。

从主体思维活动结构层次来看，经验思维活动是主体思维活动的表层结构。它直接与外在的实践活动结构以及客观事物密切相关。而主体的理论思维活动（包括抽象逻辑与形象思维）和灵感直觉思维则属于其深层次结构。因此，主体的经验思维活动处于理论思维与外在实践活动之间的中介的思维结构地位。

它一方面直接受外部实践活动信息的冲动与刺激，是主体思维活动整体结构中接受外部信息的唯一通道，因此而影响其内在思维结构的变化；另一方面它又受其内部思维深层结构的功能影响，并通过自身功能的变化而指导其外在实践活动，以此来影响客观事物结构的变化。

　　经验思维活动结构一方面由于接受生动活泼的实践活动以及客观事物活动信息的不断刺激；另一方面也受其内在思维的活动冲击，因而在有限的范围内和程度上便具有了创新的功能与契机。这种经验性思维所创新的成果大量地存在于人们日常生活实践和操作技能活动中。例如"自来水笔大王"瓦特迈54岁时，还只是保险推销员。一天，他与顾客签保险单时，笔尖忽然流出一大滴墨水。"能不能设计不会掉墨水的笔尖呢？"于是他就买了许多笔尖做试验，结果在笔尖中央钻了一个小洞，就非常简便地达到了目的。美国有一位牧童，名叫杰塞，常为羊儿溜跑而苦恼。有一次他发现羊群遇到有刺的玫瑰就无法逾越时，突然浮动一个念头，发明了蒺藜铁丝网。此项发明不仅用来圈羊，后来还运用到军事上①。著名的创新学奠基人之一的奥斯本原本是一个失业工人，但他主动开发创新力、做到"一日一创"，成效很大，制定了著名的创新技法即智力激励法。这些"事例均说明：别认为创新发明一定需要专家、一定是行家里手"②。日本的著名创新学家高桥浩在其著名的《怎样进行创新思维》一书中所介绍的许多技法内容，就是属于"从小窍门、小发明入手"的"海报面包法"、"游戏散步法"等日常生活范围的经验思维创新技法。因此，事实充分表明，人类的经验思维活动同样具有创新意义。所不同的是，它较之于高层次的创新理论思维来讲，其创新的程度有所不同罢了。

　　因此，我们可以这样规定，所谓知识创新的经验思维活动就是指主体在日常工作生活实践活动中对某些具体技能操作层面问题进行思维创新的过程。它大量地表现于主体的生活实践和操作技能活动中。例如，许多工人在技术操作层面的创新，大部分就属于经验思维活动的创新范畴，即属于技术知识的创新思维活动。人类经验思维活动之所以具有创新功能，这主要是由以下几方面根据。

---

　　① 胡伦贵：《人的终极能量开发——创造性思维及训练》，第5~6页。
　　② 胡伦贵：《人的终极能量开发——创造性思维及训练》，第6页。

1. 由主体的实践活动基础所决定

思维的创新作为主体的一种能力，从发生意义上来讲，本质上属于主体实践活动内化的结果。经验思维活动作为主体思维活动的表层结构，它直接与实践活动以及外部客观事物密切相关，能直接地强烈地感受到实践活动信息的刺激，在其不断强化过程中，这些能力性的因素逐渐被积淀，内化到经验性思维活动结构中，会导致其功能结构的变化，从而形成一定程度上的创新功能机制。即主体通过其思维接受外部信息的过程而使自身思维结构发生顺应性变化，对客体信息进行初步加工分析，从而发现客体层次上的新的联系，形成新知意义的思维成果。因此，"实践出真知"。实践赋予了与之紧密相关的经验思维活动的创新契机。正如恩格斯所说："人的思维最本质和最切近的基础、正是人所引起的自然界的变化，而不单独是自然界本身，人的智力是按照人如何学会改变自然界而发展的。"①

2. 经验思维活动自身结构也具有创新机制

首先，从其生理基础来看，经验思维活动主要依靠人脑的感觉神经系统和知觉神经系统的生理活动来进行。人脑神经结构中各部位感受区自身又是一个包含神经元和多级神经回路的复杂系统，具有对信息进行加工分析、选择、传递和对信息在编码基础上进行重组与整合的自觉能力机制。"本级联合区是人进行思维活动的最主要器官系统。如前所述，本级机能组织又可分为三级皮质区。一级皮质区又叫投射皮质区，由高度分化和特化的神经元组成，具有最大的特殊感受性，分别从外部接受来自听觉、视觉等感觉的信息，并把它们分解为最小部分。二级皮质区又叫投射——联合区，包围着第一级皮质区，将其传入的信息组织起来，加以识别、分析、编码和融合，使躯干的投射转变为机能组织"②。显然，人脑生理活动结构中自身具有的"选

---

① 《马克思恩格斯选集》第3卷，第551页。
② 夏甄陶等：《思维世界导论——关于思维的认识论考察》，中国人民大学出版社1922年版，第109页。

择"、"识别"、"分析"、"编码"和"整合"等机制，就是其经验思维创新活动的生理基础。

其次，经验思维活动也具有自身创新的认识机制。经验思维并不是绝对孤立封闭的过程，一方面它受其高级理论思维活动的指导，使自身具有活动的能动性或超越性；另一方面它直接与生动活泼的实践活动以及千变万化的客观事物密切相关，这样也必然会赋予自身思维认识活动的敏感性、简捷性和灵活性，从而形成创新机制。善于在实践中观察和思考的普通人，能够经常带来小发明、小设计的事实，就证明了一点。

3. 从经验思维活动所反映的内容看也具有创新意义

传统的观点认为，经验思维活动所反映的内容仅仅属于事物现象，而不能反映事物的本质。笔者认为，这种把事物的本质完全排斥在经验思维活动内容之外的观点是不正确的。列宁就明确指出过，客观事物的本质是多层次的，有一级本质、二级本质、三级本质等无限层次。现象和本质划分的界限也是相对的。事物本质的表现及其相互联系也是无限复杂的。经验思维活动也可以反映客体本质结构的低级层次，或者说是一级本质或二级本质内容。即使经验思维只反映了事物的现象，也必然是属于包含着本质内容的现象。与本质无关的纯粹现象是不存在的。因此，经验思维活动在特定的层面或范围是能够发现事物的本质联系或新的意义的，因此带来了思维创新的契机。

二、经验思维创新活动特性

知识创新的经验思维活动作为主要以感性经验为基础、并直接以操作动作为中介的思维创新活动，总起来讲，具有以下基本特征。

1. 实践操作性

这就是说，知识创新的经验思维活动总是与某种特定的动手操作实践活动紧密联系在一起的。它是实践活动中的思维。诸如，动手操作机器、动手制作设计与产品等等。它时刻都离不开主体某种具体的动手实践活动而存在，它是在实践操作活动中发现问题、思考问题和创新地解决问题的过程，具有较强的思维活动的实践操作性。整个思维过程始终受主体所从事的具体实践活动的有限时空限制。有的学者把经验思维活动理解为动作思维，就其思维活动的实践性来是有一定道理的，但不能因此而完全把它简单地归结为动作思维。因为经验创新思维活动相对于动作直观思维来讲还是一种较高级的自觉活动形式。例如，幼儿的动作直观思维就不能算是经验思维，它与成人的经验思维不可同日而语。

2. 直观性

这里讲的直观性有两个方面：一方面是指主体的创新经验思维活动离不开对客体对象的直观操作，属于实践活动中的直观思维；另一方面由于主体这种思维创新活动仍停留在依靠对客体对象实体进行操作的思维层面，并没有摆脱对客体对象具体形象的直接依赖，因而具有较强的思维直观性。

3. 自发性和自由性

这也就是说，知识创新的经验思维活动作为"实践的思维方式"，总是根据实践活动的变化实际来观察问题、发现问题和思考问题的，一般不受预定的或传统的理论原则的直接制约，而主要遵循实践活动的现实原则，因而必然会具有思维创新活动的自发性。而这种思维的自发性本质上根源于实践活动的变动性。同时，这种思维创新活动的自发性也表现为其思维不容易受思维传统理论束缚的自由性。这实际上也从某种意义上体现了这种知识创新思维活动的灵活性与随机性。

4. 经验的习惯性和局限性

知识创新的经验思维毕竟是在有限的实践活动范围内进行的，受较大的思维时空限制。因此，相对而言，其思维创新过程及其结果就简单一些，带有过程的直接性与简单性，在长期的反复进行中容易形成思维活动的习惯倾向。尽管这种思维活动的经验习惯性在它适应的范围内可以提高其思维活动效率，具有较强的思维操作性，但超出了它的适应范围就会没有意义了，反而会因造成思维的定性与惰性而不利于思维创新。因此，它具有思维创新的局限性。

上述表明，个体的经验思维活动是完全可以进行知识创新的，或者说，创造性的经验思维活动也是人类知识创新思维活动的最基本的形态或类型。它具有自身创新活动的根据和特征。我们要正确认识个体的经验思维活动在知识创新思维活动中的功能地位，既不要夸大其思维创新的意义，更不能否定其创新的重要性。实际上，经验思维活动作为人类思维活动最基本的形态或形式，是人类思维活动历史发展基础与出发点。人类思维活动的其他形式都是在经验思维活动层面基础上分化发展起来的。知识创新的经验思维活动同样也是人类知识创新思维活动历史发展的基础与起点。它还是现代社会知识创新活动的基本形式，在现代社会的知识创新活动中仍然具有重要的地位和功能。

第二节 知识创新的逻辑思维形式

以经验思维活动发展为基础，随着人类实践水平的发展和思维能力的提高，人类知识创新思维活动发展历史便进入了第二阶段即（抽象）逻辑思维阶段。或者说，人的知识创新思维活动经过了经验思维创新阶段后便会历史地和逻辑地进入了抽象（逻辑）思维创新发展的阶段。因此，抽象逻辑思维创新活动也是人类知识创新思维系统活动的基本形式。

一、逻辑思维系统构成

抽象逻辑思维作为以逻辑运动规则为基础的概念思维活动系统，

其结构有两个基本层次，即形式逻辑思维与辩证逻辑思维。或者说，抽象逻辑思维系统是形式逻辑思维与辩证逻辑思维相统一的整体。

1. 形式逻辑思维

所谓形式逻辑思维就是指人们运用形式逻辑的方法、遵循形式逻辑规律而进行的思维活动。它的思维活动基本规律是同一律、矛盾律、排中律和充足理由律。形式逻辑思维在思维操作过程中体现出发下基本特点。

（1）它是一种静态式的思维，具有思维过程的确定性、首尾一致的稳定性。形式逻辑思维在把握思维对象时，是暂时撇开对象的运动变化而将其置于相对静止状况下进行的。这就使其思维活动具有过程的稳定性、确定性和各环节的首尾相通的一致性。这为人类思维活动撇开对象的偶然性、抓住其共性提供了最基本条件，这也是任何主体进行知识创新思维活动场所的基本前提。

（2）它是一种程序性思维，具有思维过程的方向集中渐进性和有序性。形式逻辑思维是严格遵循逻辑规则程序有步骤地进行的。它要求思维过程的每一阶段和环节都必须遵守逻辑程序而有序地进行；要求思维活动的方向具有明确的集中而逼近思维目标。这就为知识创新的思维活动过程及其成果的建构提供了可靠的逻辑通道。

（3）它是一种以分析为主的思维，具有思维活动的分解性。客观对象本身是一个具有多种联系的统一整体。但是为了更好地、更确定地认识对象，形式逻辑思维在保持思维确定性的前提下习惯于将思维对象与其外界联系暂时割裂开来，将对象的整体性加以分解，抽象出对象的相对独立的种种规定，即思维的抽象规定。这为人类思维活动舍弃个别的、偶然的和表面的本质，抓住其共同的必然的和本质的东西，从而为知识创新的思维活动也提供了前提基础。

2. 辩证逻辑思维

所谓辩证逻辑思维就是指人们运用辩证逻辑的方法，遵循辩证逻辑规律而进行的思维运动。它的思维活动基本规律可以说是对立统一规律、认识层次递进律和认识反复深化律，等等。它体现了以运动、发展、全面和具体的思维眼光来考察对象的思维原则。它在思维运动中体现以下基本特征。

（1）它是一种动态思维，具有思维动态的灵活性。这就是说，辩证逻辑思维在把握对象时侧重于从对象的运动、变化与发展中求考察。它不仅要求思维者把客观事物看成是一个不断变化发展的过程，而且要求思维者把自己对客观事物的思维认识过程本身也看成是一个不断变化发展的过程，即把人的思维认识看成是一个不断从简单到复杂、不断从低级向高级而变化发展的过程。因此，在辩证逻辑思维看来，思维范畴也是不断流动灵活的，范畴之间彼此可以相互转化发展。这就在知识创新的思维活动中为主体变换思维方向、捕捉新问题、发现新目标提供了思维的内在机制。

（2）它是以综合为主的思维，具有思维活动的建构性。这就是说，辩证逻辑思维要求在思维中把对象的各个方面的本质统一起来、组合起来，从整体上加以把握，因而具有思维的全面性、综合性。这种思维活动的综合性实际上也就是体现了思维建构的功能特性。显然，这对于知识创新思维来说，也是具有重要意义的。

（3）它是一种多值性思维，具有思维运动方向的多维性。所谓辩证逻辑思维的多值性，是指辩证逻辑思维在把握思维对象时，不像形式逻辑思维那样只从认识的两极——真与假两点取值，在辩证逻辑思维看来，任何一个命题或思想都是具体的，需要全面具体分析，既没有绝对真、也不可能有绝对假，需要从更多方面或层次去审视和把握其命题的真理性。辩证逻辑思维是一种在真假之间取值的多值性思维。它反映了在思维操作运动中要敢于否定和超越绝对性，从不同角度或层次上去灵活地发现和把握真理的新的意义层面，创造出新的思维知识成果。这显然对于知识创新思维活动具有重要意义。

从以上分析中，我们从中不难看出，形式逻辑思维对于在知识创新思维活动中克服思维的无序、确定思维目标、保持思维有序性平衡、深化思考过程，从已知事物中发现未知事物的本质、创立新的知识概念有着重要的意义。辩证逻辑则对于克服思维的僵化、增强思维活力、变通思路、全面而灵活地寻找解决问题的突破口、发现新目标，重构新的知识概念同样也有着重要意义。二者相辅相成、相互补充、共同作用。逻辑思维活动系统的这些功能特性也就成为其知识创新活动的内在根据。

值得说明的是，在知识创新思维研究中，有一种片面倾向，这就是片面夸大了知识创新中非逻辑性思维的活动作用，而忽视和否定其逻辑性思维的创新作用。人类科学发现史表明，许多伟大的科学发现，都是通过人类抽象逻辑思维活动这一重要的基本形式来实现的。这就意味着抽象逻辑思维活动系统本身就具有创新功能。这是我们在下面接着要进一步研究的重要问题。

二、逻辑思维的创新功能

如上所述，抽象逻辑思维作为形式逻辑与辩证逻辑相统一的整体，充分体现了逻辑思维活动层面中确定与非确定、稳定与灵活、有序与无序、分析与综合、单向与多向、集中与发散等多方面的有机统一，无疑是一个充满创新生机的思维系统。具体说来，抽象逻辑思维的创新功能可以从两个层面来考察。

1. 逻辑思维在整体知识创新思维系统活动中的创新功能

正如我们在前面反复所提到的，知识创新思维本质上作为一个整体性思维活动，无疑是一个包含着多方面、多因素、多环节和多层面的复杂过程。这其中必然包含着逻辑的场面或环节。从某种意义上说，知识创新思维就是一个逻辑与非逻辑的思维运动过程。而逻辑思维是整个知识创新思维活动系统中的一个重要构成层面、要素或环节。它作为其中构成的因素、环节或层面，在整个知识创新思维系统活动中具有以下基本的创新功能地位：

（1）逻辑的批判证伪功能。科学发现从假说向真理的发展是以逻辑思维的批判过程为通道的。科学假说是形成科学发现的必要环节。而假说作为真理性认识形成的准备阶段，只有经过逻辑思维的审视与证伪，才能实现向科学发现理论的迈进。换言之，逻辑思维能够帮助人们寻找破坏性理论或事实依据，使科学假说在抗争中得确立，从而形成创新思维的科学发现成果。

（2）逻辑的导向集中功能。即是说抽象逻辑思维为创新思维运动确定了基本方向，使人们在选择多方面信息时能主动集中地指向创新目标，形成创新的中心思维区域，加速思维创新目标的实现进程。逻辑思维不仅在有序化思维活动中具有指向功能，而且还因自身辩证逻辑思维的特性而具有灵活跨越思维障碍、发现目标的导向功能。如牛顿从苹果落地现象中受到启发而产生科学直觉，表面上是一种巧合，实际上，这是他长期潜心陷入逻辑思考、发挥思维集中导向功能的思维结果。

（3）逻辑的反思论证功能。在创新思维活动全过程中，逻辑思维无时无刻不在检验着科学发现理论形成的全过程。这不仅表现于对创新思维形成过程的步骤、手段和材料等方面的选择与鉴别，而且还表现为对创新思维成果进行逻辑的验证与完善。

（4）逻辑的建构功能。任何思维的创新成果都是在新的思维层面上进行建构的产物。在创新思维活动过程中，只有凭借逻辑思维活动对诸方面的信息材料进行鉴别、分析、类比推理，才能触类旁通，实现思维层次上的转化与贯通，并按照逻辑的规则在新的层面进行思维信息的重组与建构，从而形成新的思维成果。

2. 逻辑思维自身的知识创新功能

众所周知，在一定意义上可以说，抽象逻辑思维是人类思维活动相对独立的基本的具体形态或形式。它在人类知识创新思维活动历史发展中同样占据重要地位。恩格斯曾明确指出过："甚至形式逻辑也首先是探寻新结果的方法，由已知进到未知的方法"①。对之，我们可以从以

---

① 《马克思恩格斯选集》第3卷，第174页。

下几个主要逻辑思维方法进行分析。

（1）类比推理方法的思维创新功能。类比推理是逻辑思维创新的重要方法。许多科学发现都是通过逻辑的类比推理方法取得的。例如，在物理学史上，法拉第和麦克斯韦就是自觉运用类比推理进行电磁现象研究的。1832年，法拉第在一封信中说道，"我打算把振动理论应用于磁现象，就像对声所做的那样，而且这也是光现象最可能的解释。类比之下，我认为也可以把振动理论劫于光电感应。"① 所谓类比推理是指主体在分析、比较两个对象之间某种相似关系时，从已知对象有某种性质而推出另一对象具有相似性质、从而找到问题答案的思维过程。值得说明的是，类比推理之所以得以展开，是由于它包含着比较分析和联想这两个重要环节的思维活动。逻辑的类比推理不仅可以适应对客观对象进行微观的或宏观的类比，而且可以对知识概念系统进行多层次的类比。因此，逻辑的类比推理创新形式是多样的。逻辑的类比推理之所以具有科学发现的创新，就在于这种逻辑思维活动具有思维相似性的创新机制。这就是说，主体的思维活动以已知系统作为思考的起点，以分析的眼光敏捷地抓住已知系统与作为思维目标的未知系统之间的内在必然的相似关系，展开联想的翅膀，从而对已有知识层面进行思维的超越，发现思维对象的新答案，建构新的知识系统，从而形成知识创新思维成果。

（2）逻辑的分析与综合方法的思维创新功能。分析与综合是逻辑抽象思维方法的重要形式。从广义上讲，分析与综合的思维有着高低不同的多层次形式。前面讲到的创新经验思维活动中也包含着低层次的分析与综合。而在抽象逻辑思维系统中，分析与综合则是作为概括程度相对较高、功能较强和相对独立的重要形式而存在的。

首先，我们看看逻辑分析思维的创新活动。所谓逻辑的分析是指主体在抽象思维活动层面中将思维对象分解为各个部分、各个层次、各个方面或各个环节，从而发现和把握对象本质的新层次或新方面的思维创

---

① 转引自：《场》，科普出版社1981年版，第71页。

新过程。值得说明的是，从创新意义上讲，抽象逻辑思维的分析创新过程，具有以下特点：①分析的起点虽然既可以是感性直观的客体，也可以是理论的概念或范畴，但作为抽象思维活动层面的逻辑分析，其起点主要的还是概念或范畴。概念是对客观事物本质的反映。但事物的本质是多层次多方面的。对概念或范畴进行逻辑的分析，才能一方面可以发现对象新的深层本质，形成新的思维成果；另一方面也为理论系统的进一步丰富和发展奠定逻辑基础。②逻辑的分析是以相关的已有知识系统为前提而进行操作的。任何逻辑分析总是以一定知识为指导的。在分析活动过程中如果没有相关的已有知识系统的存在，那么，就无法与作为思维对象而存在的未知系统建立逻辑关系的通道。其分析的思维操作也就无法进行。因此，逻辑分析的思维创新过程也就是主体运用已知知识系统去简化对象、解释未知系统，从而发现和揭示未知系统的内在本质的方面或层次，从而创立新的思维成果的过程。抽象思维的逻辑分析形式是多种多样的：有定性分析与定量分析、横向分析与纵向分析，等等。这表明，逻辑思维的分析可以在不同方面、不同方向或层次上进行，是辩证灵活的。因此，从某种意义说，抽象思维的逻辑分析是一个充满创新活力的思维系统。

其次，我们再论逻辑综合的思维创新活动。所谓逻辑的综合是指主体在抽象思维活动层面上，按一定的思维要求将思维分析的各部分、各方面或各层次的本质进行重新组合与联结，从形成反映事物整体本质的新成果的思维过程。也值得说明的是，抽象思维的逻辑综合是思维活动的高层次的综合。它必须以逻辑分析为起点。从概念运动角度上讲，它就是以概念分析所获得的各部分的本质为基础，在更高或更抽象的层次上加以综合或统一。因此，逻辑综合的思维创新过程是主体对对象更深层本质的发现和把握的深化过程。一般来讲，综合是思维过程中最富有创新的操作活动。著名科学家彭加勒就说过"综合就是创新"。美国阿波罗登月计划总指挥韦伯也指出过，"今天世界上，没有什么新东西不是通过综合而制新的"、"阿罗飞船计划中没有一项是突破性的新技术，关键在于综合"①。逻辑思维的综合有两种主要的具体形式：①归纳性的逻辑思维综合。这是指主体通过对对象进行本质的分析概括后、以两个或更多个相对低层次的具体概念为基础，再进行思维的联结和组合，从而形成一个更高层次的更具有普遍性的新知识概念的过程。这一归纳综合过程体现了思维从个别走向一般，从相对具体走向更为抽象、从低层次走向高层次的思维创新过程的特点。②演绎性的逻辑思维综合。这是指主体以某种关于事物整体性本质认识的公理系统为依据，对思维对象各部分的本质属性展开逻辑演绎的推理、判定和审视，从而对对象本质进行更深层的重新组合和统一的创新过程。这种演绎性综合过程体现从普遍走向特殊，从一般走向个别推导运动的方向性。也就是说，主体在对某一对象进行思考时，总是以某种公理系统为参照背景，对这一对象进行更本质的审视；又依据其公理知识系统运动的规则，对这些部分本质进行演绎的推导和连贯，从而形成对这一对象更深层本质的命题。因此，这种演绎性综合过程实际上也表明了思维主体从一般走向个别、组合或统摄个别本质，从而丰富自身公理系统的过程特点。它深刻反映了人类认识不断深化发展的创新过程。

第三节　知识创新的形象思维形式

从人类早期经验思维活动中不仅分化出抽象逻辑思维活动形式，而且也分化出形象思维活动形式，从而使人类思维创新活动进入了其发展的第二阶段。可以说，人类抽象逻辑思维与形象思维是在其经验思维基础上分化出来的两种不同思维形态。形象思维活动作为人类思维活动的普遍形式，同样也存在着一个创新问题。或者说，创新性形象思维也是人类知识创新思维活动的重要基本形式。

---

① 转引自汪育才：《创造性思维》，大连海运学院出版社 1993 年版，第 88 页。

一、形象思维范畴界定

长期以来，理论界对形象思维活动范畴，存在着不同理解，众说纷纭，莫衷一是。因此，我们认为，必须首先对形象思维活动范畴乃至创新性形象思维活动形式范畴的一般规定加以科学理解。

在众多的不同观点中，其中有两种观点值得注意。一种观点认为，形象思维活动是人类思维活动中先于抽象思维而产生的低级的思维活动。它把个体幼儿思维的某些个别形象性特征简单地类比为或等同于人类思维的早期活动并先于抽象逻辑思维而出现。这种观点是值得商榷的。它把形象思维与经验直观动作思维混淆起来了。严格说来，2～6岁的幼儿思维不能说是形象思维，只能算是经验直观动作思维。因为，幼儿的这种思维虽然也有具象性，但是不能脱离其直观动作而独立存在。它只能直接依靠或伴随其直观动作的进行而同时存在。形象思维作为人类思维相对独立而成熟的活动形式，应该是脱离了其实体动作而凭头脑储存的形象性思维材料而进行的高级思维活动形态。另一种观点认为，形象活动就是用表象材料进行思维活动的思维形态。这种观点认为，表象就是在各种感觉、知觉基础上形成的，是知觉的再现。我们认为，这种观点也是片面的。它把人类形象思维简单化了，看成是不能反映事物本质的感性低级的思维认识活动。近年来，我国思维科学研究有了较大发展，为我们科学理解和界定形象思维活动范畴提供了有利基础。有学者指出，形象思维也是一种以自身独特形式反映事物本质的理性认识活动。关于形象思维是一个多层次思维活动，是目前被一些学者基本认同的观点。有的学者指出，"自然科学中的形象大致可归纳为三类。第一类是实物形象——具象……第二类是抽象形象——图示……第三类是想象形象，即根据主体的感知形象及事物发展规律，去探晓未知事物规律时，凭科学家想象力创新出来的形象。"① 这实际上对形象思

---

① 苏越等：《现代思维形态学》，中国政法大学出版社1994年版（下同），第83页。

维活动具体形态及其材料做了层次上的划分，很有启迪意义。

依据近年来思维科学研究成果，我们提出，所谓形象思维活动，就是指主体发挥思维想象力、运用表象与意象等思维形象材料，对客体进行理性把握的思维认识活动。它可分为艺术形象思维和科学形象思维这两种基本形态。这种思维规定具有以下基本特点。

（1）它对形象思维活动形成的能力机制作了明确规定。任何相对独立的思维活动形态，都必然具有与之相适应的思维能力机制。它是在其思维运动能力机制的基础上形成的。如前所述，抽象逻辑思维形态是以思维逻辑能力为其思维能力机制的；形象思维形态则是以思维想象力为其形成的思维能力机制。思维想象力本身又可分为两种高低不同的层次，即再新想象力（严格说也就是再现性想象力）和创新想象力。以这两种不同的思维想象力为基础，便形成了两种不同的具体的形象思维形态。

（2）它对形象思维活动所运用的思维材料也作了明确规定。任何思维活动形态都是由不同的特定的思维活动材料所组成起来的。与抽象思维活动运用抽象的概念材料不同，形象思维活动所运用的思维形象材料就是"表象"和"意象"。从中可看成，这种思维规定比传统的思维规定显然要拓宽了一些、明确一些。

（3）它对形象思维活动的具体形态亦作了明确规定。它明确指出，形象思维活动存在于艺术形象思维与科学思维这两种不同层次的具体形态。它们都有着共同思维特征，即都是"象"形思维活动。

所谓创新性形象思维活动，其本身并不是指一种独立于形象思维活动之外的某种神秘状态，而只是一种对其形象思维创新活动功能状态的规定。创新性形象思维活动形式，或者说形象思维活动的创新，主要存在于两个方面的意义。一是创新性形象思维活动本身作为一种相对独立的功能活动形态所具有的创新意义。首先，它大量地存在于文学艺术创作活动领域。自古以来，许多丰富多彩的文艺精品，都是依靠作家、艺术家发挥想象力、运用丰富的形象思维材料所形成的创新思维成果。其次，它也大量地存在于科学发现的知识创新思维活动中。许多科学发现本身就是科学家以特定的形象思维活动而创新的结果。即是说，这些科学发现本身往往是科学家在某种具体的形象思维创新活动中完成的。其中最典型的就是科学家所运用的模型形象思维创新活动形式。二是在作为整体的创新思维系统活动过程中，形象思维作为其基本的活动要素，同样具有创新功能。如前所述，创新思维活动本质上是一个由各种活动要素和能力等互补整合的系统过程。在这种创新思维整体过程中，形象思维作为其活动要素的组成部分，具有提供思维运动方向、确立创新目标、构建新的理论模型、描述和理解科学发现等创新动能。科学史表明，许多科学发现的思维目标和研究课题的捕捉就是科学家借用形象思维活动来完成的。例如，魏格纳在谈到创立"大陆漂移说"就坦诚说过："有一次，我在阅读世界地图时，曾被大西洋两岸的相似所吸引"[1]，从而以大西洋两岸的相似形象为契机，创立了关于新的大陆结构运动发展的科学理论。再例如，"法拉第借助于形象思维，设想电荷和磁之间的空间中充满着一种传递力作用的媒质，形象地提出了电力线、磁力线的概念，并建立了电磁'力场'的图像"[2]，从而为电磁场理论的科学发现起到了重要的促进作用。

二、形象思维创新根据

形象思维具有知识创新活动的功能，这应该是不争的事实。为什么人类形象思维活动具有知识创新意义？具体说来，它自身具有思维创新的内在机制。这主要在于以下两个方面。

1. 从人脑生理活动机制来看

众所周知，人脑左右两半球在功能上既有高度的专门化或特异化，

---

[1]　引自苏越等：《现代思维形态学》，第 709 页。

[2]　徐本顺等：《科学研究中的探索性思维》，山东教育出版社 1992 年版（下同），第 146 页。

又具有高度的协同互补性。左脑半球具有言语、概念、分析等抽象逻辑的功能。右脑半球则与知觉、空间有关，具有图形、整体性映象及几何空间等构建功能。在脑神经生理活动过程中，这种左右脑两半球的功能活动是相互贯通、协同进行的，具有高度互补整体性。因此，人脑两半球的功能相通互补机制就为其形象思维活动提供了直接的生理基础。因为，科学家形象思维创新过程中的意象形象材料及其形象成果作为"意"（理性内涵）与"象"（形象）的内在统一，其本身就是抽象逻辑思维与形象思维的有机统一的结果，而这必然离不开其左右脑两半球的生理功能活动，总是以其左右脑两半球的生理互补相通机制为基础的。

2. 从其作为思维认识活动来看，也必然具有自身思维认识活动的机制

这主要在于它的思维信息活动的相似机制及其信息运动的整体性机制。思维信息之间的相似性就是指不同思维信息之间某种相同意义的联系性。这种相似并不是等同。相似本身是表明事物的同与异的对立统一。因此，相似性简单地讲也就是指不同事物（即异）的相同意义（即同）的联系。从思维意义上看，这种相似性联系表明了两个不同（即相异）思维信息之间的某种共性（即相同）。这种共性的程度或表现是多层次、多方面的。它既可以指思维信息结构形式的相似性（共性）；也可以指信息结构内容意义的相似性（共性），等等。思维信息相似性的客观基础就在于客观事物本身的联系性。客观世界是一个相互联系的整体，任何客观事物之间在结构层次等诸方面存在着必然的共性联系，因而具有相似性。作为对客观世界反映的思维信息尽管在思维空间是个别的、分散的，但相互之间也必然存在着本质上的相似性联系。因为，主观世界与客观世界在本质上是同质同构的。正因为诸思维信息之间存在着相似性，所以，在思维信息活动过程中，不同的信息可以自觉或不自觉地走到一起而相互贯通、相互融合，以形成具有新意义的意象形象。它表现在形象思维创新活动中，就是不同的形象材料组合成体

现共性与个性相统一的典型形象。所谓思维信息运动整体性机制，就是指各种思维信息在相互作用的过程中，按照事物内在本质的逻辑而加以贯通融合、形成整体结构过程的必然性。思维信息之间的整体性也是由客观事物本质的整体性所决定的。客观事物本质上是一个由诸方面相互联系的整体。虽然储存于人脑中的思维信息是个别的、分散的。但它们一旦纳入到思维创新活动中，又会按照其信息内容的客观性原则而加以整合在一起，从而形成与客观事物相一致的思维整体。如果没有这种思维整体性机制，人的思维是不可能反映客观事物的整体面貌并与之相符合的。

三、形象思维创新原理

形象思维的创新活动大量地表现于艺术家、作家所进行的艺术创作活动和科学家所进行的科学研究活动。就科学研究的形象思维创新活动来讲，就是指科学家在科学研究领域，一方面利用形象思维直接进行科技创新发明；另一方面利用形象思维对科学原理进行研究、理解和描述的理论模型。例如 26 岁的爱因斯坦望着天空就曾展开形象思维，思考过这样一个问题，"假如我能追上光速会出现什么情景呢？"从而导致相对论的创立。科学家常常借助于形象思维来描述科学的原子结构理论，提出了诸如"葡萄干面包模型"、"土星圆圈舞式模型"和"太阳系原子模型"，等等。就科学形象思维创新活动来说，主要体现着以下基本运动原理。

1. 意象同构原理

这里讲的"象"是统指一切形象思维材料，包括感性的表象形象材料和理性的科学"意象"形象材料。这里讲的"意"是指形象材料所寓含的理性意义或逻辑本质。因此，在这里所讲的"意象"就是"意"与"象"的统一，或者说是"神"与"形"的结合。科学家在进行形象思维创新活动时，总是要把"意"与"象"相互渗透起来、有机地融为一体，从而建构成颇具新意的形象思维成果。在这种意象相互同构的思维创新过程中，"意"寓于"象"，"象"体现"意"，即"象"中有"意"、"意"中有"象"，"象"因"意"，从而被赋予灵魂和生命，"意"因"象"而丰满和生动。

2. 时空自由灵活结合原理

从形象思维活动意义上讲，把客观事物形象化、具体化，也就是把客观事物所具有的时间和空间的属性特定化。因为任何具体事物总是处于特定时空状态中的事物。只有把这种时空状态的特定化，才能赋予和表现思维对象的形象化和具体化。艺术作家和科学家在进行形象思维创新活动时，总会把各种形象思维材料按照时空的特性进行重组与结合。当然，这种重组与结合并不是杂乱无章或机械拼凑的，而是一种在发挥思维想象力的基础上，融自由灵活性和创新性于其间的有机结合。这是一种超越了时空本体的机械而呆板的限制、在更高层次和更本质意义上进行自由灵活与创新的时空有机结合。

3. 整体同一组合原理

任何客观的具体事物总是处在相互联系的整体状态之中。由于主客观条件的限制，人们关于客观事物的认识总是以部分或片断的思维信息而储存于人脑。当人们再用这些思维形象材料的片断来反映客观事物形象过程时，必须进行思维的再组合以形成整体的思维形象来表现和反映客观事物的整体过程。主体在进行形象思维创新活动时，总会将思维诸要素相互贯通起来、彼此融合、形成有机同一的整体形象。当然，这种思维整体同一性的内涵是多方面的，诸如意象之间的整合同一、时空之间的整合同一、逻辑关系上的不同过程或同一过程不同环节之间的整合同一，等等，可以说，思维的整合同一是始终贯穿于其形象思维创新活动全过程。只有做到形象思维过程的各部分、各环节或各方面的完整同一，才能使其情景交融、自然和谐、协调完美；否则就会生硬呆板、牵强附会而失去其审美意义了。亚里士多德在《诗学》中说得好："一个完善的整体之中各部分必须紧密结合起来。"①

第四节　知识创新的灵感思维形式

灵感思维活动本身就是人类创新思维活动的重要形式。科学发现史表明，人类许多的科学发现都是通过灵感思维活动形式而创造出来的。因此，灵感思维活动形式已成为知识创新思维研究的重点与热点。值得我们深入研究。

一、灵感思维创新活动基础

"灵感"渊源于古希腊文的 Ηεοεσοπ 一词。它的原意就是指神的灵气。灵感概念的运用始于诗苑，它最早是作为描述诗人创作时那种热烈奔放、欣喜欲狂的精神状态而提出来的。自古以来，多少艺术大师是在"用笔不灵看燕舞、行文无序赏花开"时由于灵感的闪光而创作出了许多艺术珍宝。不仅如此，灵感直觉也广泛地存在于科学思维活动中。如阿基米德洗澡时受水浮力的启发，灵感一闪便发现了著名的浮力定理；年轻的瓦特因水蒸气冲开壶盖而顿悟、发明了蒸汽机，等等。因此，许多科学家都重视灵感思维。爱因斯坦就明确说过："我相信直觉和灵感。"彭加勒在《科学与方法》中认为，灵感、"直觉是发现的工具。"波尔甚至指出："实验物理的全部伟大发现都是来源于一些人的直觉。"② 可见，灵感思维是人类知识创新思维活动的重要形式。

灵感思维活动的产生并不神秘，它有着自身活动的机制与规律。关于这一点，我们将在后面还要加以具体论述。而人们之所以能够产生灵感思维创新活动，这与他们自身的思维活动能力的发展及其知识储备是

---

① 《诗学——诗艺》，人民文学出版社 1982 年版，第 28 页。
② 波尔：《原子物理学和人类知识》，商务印书馆 1978 年版，第 118 页。

分不开的。换句话讲，要形成灵感思维创新活动必须具备一定的客观基础与前提。

就其思维活动能力来讲，主体形成灵感思维活动，必须要有丰富的思维创新能力基础。灵感思维活动是建立在多种思维活动能力相互协同基础之上的一种高级思维创新活动形式，换言之，多种思维活动能力的相互协同作用，是形成其灵感思维创新活动的重要基础。虽然如前所述，思维直觉能力是形成灵感思维活动的主要能力，但必须说明的是，这种灵感思维活动所依赖的思维直觉能力本身并不是在孤立状态中形成的。它作为为一种高级的思维整体性能力是在思维逻辑能力、思维想象能力、思维发散能力等诸方面能力相互作用、相互贯通的基础上形成的。如果没有这些思维能力为基础，主体是不可能形成思维直觉——这种高级的思维整体的统摄能力的。事实也表明，那些以灵感思维活动形式来获得科学发现的科学家们，都有一个共同的思维特征，即思维灵活、想象丰富、大胆设想，有了较强的思维发散能力和想象能力。如果不具备丰富的思维能力基础，是不可能形成灵感思维创新活动的。

就形成灵感思维活动的知识储备来说，要形成灵感思维活动必须要拥有丰富的知识材料。思维的灵感直觉不是凭空产生的，而是在丰富的知识土壤中形成的思维奇葩。思维知识作为信息意义的载体，是产生思维想象、思维发散运动的要素与土壤。知识要素及其结构越丰富、就意味着思维信息意义拓展的向度越多、其思维创新变换的空间就广阔，思维的灵感之闪光也就越容易出现。因此，灵感思维活动的形成是以知识的丰富为基础的。如果没有丰富的知识要素与结构，难以想象主体能够产生思维的灵感智慧之光而捕捉科学的发现、创造出新的思维知识成果。

二、灵感思维创新活动特性

总的来说，知识创新的灵感思维活动形式作为一种独特而奇妙的思维创新过程，它体现着以下自身运动的基本特性：

1. 非预期的思维运动突发性

这是就知识创新的灵感思维发生状态和表现形式而言的。它的产生带有很大的偶然性，即事前毫无预感，甚至苦思冥想也毫无结果。而你不"想"它时，它却又突然浮现于脑际。正如费尔巴哈所说的那样："热情和灵感是不为意志所左右的，是不由钟点来调节的，是不会依照预定的日子钟种点迸发出来的"①。数学家特尔伍德也认为，灵感思维"可能发生在几分之一秒之间。它几乎总是发生在思维处于松弛的状态，或正在轻松地从事日常工作的时候"②。正因为它的这种思维突发性的存在，而被唯心主义者加以神化了。其实这种非预期的突发性，只不过是因为它没有单纯地在显意识领域遵循常规逻辑程序所形成。因此，它的思维结果不具有自我意识到的预定性罢了。它是显意识与潜意识之间相沟通时，从潜意识领域冒出来，撞入显意识领域后才被自我意识感觉到的瞬间思维火花。从思维活动的显意识与潜意识相互贯通、相互作用的内在关系来讲，它仍然是属于具有寓含必然性的"预期"的思维现象。

2. 思维过程的模糊性

这就是说，知识创新的灵感思维产生的程序、规则以及思维要素与过程等都不是被自我意识所能清晰地意识到的，而是模糊不清、"只可意会，不可言传"的。德国数学家高斯在证明一条定理时被折磨几年之后突然得到了一个想法使他获得成功。他回忆说："如同一个闪电那样突然出现在我脑海之中，而且问题就这样解决了。我自己也说不清现在这种思路与以前我所认为颇有成功希望的想法之间究竟存在什么联系"③。正因为灵感思维具有这种思维的模糊性，唯心主义者才借此说灵感直觉是神秘不可知的。其实，精确与模糊是对立统一的。人的思维活动是一个极其复杂的高级过程。同事物复杂化相伴的就是不精确性即

---

① 《费尔巴哈哲学著作选集》（下卷），商务印书馆 1984 年版，第 504 页。
② J. E. Littlewood：《数学家的工作艺术》，载《数学译林》，1993 年第 2 卷第 4 期。
③ 阿达玛：《数学领域中的发明心理学》，江苏教育出版社 1989 年版，第 15 页。

模糊性。灵感思维活动的内容很大程度上是在潜意识领域进行的，这对于显意识领域里的自我意识来讲是"神秘的"、"模糊的"。实际上，这种潜意识领域中的思维模糊性仍然是以首先在显意识领域里反复细致思考、力图精确把握为前提基础的。

3. 思维灵活的意象性

这就是说，在知识创新的灵感思维活动过程中，潜意识领域或显意识领域总会伴有思维意象运动的存在。这种思维意象是在诸思维信息之间相互碰撞中形成的。它的形成具有自由灵活性，上下纵模、自由跳跃，同时又具有不稳定的瞬息性，若隐若现，只感到它的存在而无法把握其逻辑规则与程序。这种思维意象因为是寓含一定意义的形象存在，因而其运动就具有了思维某种暗示或启迪的意义，从而使主体产生某种说不明、道不清的运动方向的思维预感，而不由自主地走向成功的发现目标。实际上，这种灵感思维活动意象性的暗示或启迪，是诸思维信息之间内在本质意义之联系的独特的意象性反映。它作为一种自由灵活具有特殊意义的形象，随意念而自由流动、上下纵横、自由重组。爱因斯坦曾经对灵感思维活动的意象性作过精彩的描述："在我的思维机制中，书面的或口头的文学似乎不起任何作用，作为思想元素的心理的东西是一些记号和有一定明晰程度的意象，它们可以由我随意地再生和组合。……这种组合活动似乎是创新思维的主要形式，……上述的这些元素对我来说是视觉的，有时也有动觉的"①。

三、灵感思维创新活动阶段

主体的任何思维创新的具体活动形式，作为知识创新的复杂而高级的系统化活动过程，必然是一个形成和发展的辩证运动过程，因而必然具有发展过程的阶段性特征。一般来说，我们可以把知识创新的灵感思维活动分为以下基本阶段。

---

① 《爱因斯坦文集》第 1 卷，商务印书馆 1979 年版（下同），第 416～417 页。

1. 显意识领域中逻辑思维的酝酿阶段

对于知识创新的主体认识来讲，大部分的思维认识活动首先是在其显意识活动领域中进行的。灵感思维虽然具有表面上的随机性，但它作为解决某一思维问题的独特思维创新活动必然以显意识领域的思维酝酿阶段为其思维活动开始之起点。对认识中形成的新问题，在显意识领域中，主体会自觉地依据现有的知识经验和逻辑规则，进行多方位、多角度的逻辑思考，寻找问题的答案。在这个过程中，他们往往因找不到解决问题的答案而陷入思维饱和状态的沉思困境。但在这个逻辑过程中所形成的思维内容却为其灵感思维的发生积累了信息基础和奠定了前提条件。

2. 潜意识领域中思维诸因子自由碰撞阶段

在主体的显意识领域，思维运动通过逻辑思考而趋于思维饱和状态，便停滞下来或被搁置起来，暂停思考。但这个思维运动所产生的新信息却沉淀下来进入其潜意识领域，继续展开主体所没有自我意识到的运动。这对于显意识领域来说，仿佛是思维信息运动的消失，呈现为暂时性的思维空白。实际上，这些思维内容作为新信息，一旦撞入潜意识领域便展开了高速无序的多维向度的非线型自由运动。一旦新的思维信息与有关的相似信息相撞，由于思维信息之间精约同构性质，这种思维信息之间的相互碰撞就会产生思维直觉能力的功能运动，把各种不同信息的本质意义迅速"牵引"出来，从而在新的意义层面上把各种思维信息高速地贯通组合起来，融合成具有新的意义信息的思维同构雏形成果。这种凭借思维直觉力的发挥而形成的思维诸信息相互碰撞的组合重构的无序运动是在潜意识活动领域中进行的，是主体无法自我意识到的复杂过程，因而具有思维活动过程的模糊性。

3. 显意识领域进行逻辑的描述、验证和完善化阶段

在主体的潜意识领域所形成的思维成果雏形，一般总带有模糊性、粗简性和瞬息变动不居性，宛如闪电一般，如不及时抓住便瞬间消失。因此，必须迅速将它重新回到显意识领域，对之进行缜密的理论逻辑验

证和逐步完善。这也是一个很重要的思维艰苦过程。在这个逻辑思维过程中，主体必须依据知识的逻辑，一方面要以潜意识领域形成的思维成果雏形为基础或为基本结构，在显意识领域对这个问题继续进行深入思考、重新组合，使之在抽象概念活动中不断得以丰富和具体化；另一方面要依据科学知识的逻辑要求，对这个独创性思维成果的运行过程进行严格的验证和描述，使之在逻辑思维运动不断深化的过程中，逐步克服某些缺陷，成为完善的创新思维成果，从而最终完成其灵感思维活动的全过程。

值得指出的是，知识创新的灵感思维全过程中，上述三个阶段是密切相关、缺一不可的：

第一阶段是形成知识创新灵感思维活动的前提和基础。它作为主体长期自觉地深思熟虑的思维酝酿过程，积累了许多有关的思维信息，为其灵感思维活动的产生提供了充分准备。其中在这个过程中，科学地确立蕴含独到意义的思维目标（或科学论题）对于进一步激发其灵感思维活动具有一定的导向作用。许多学者认为，灵感的产生是一个"长期积累、偶然后得之"的过程。不言而喻，灵感的"得"，是与"长期积累"的思维酝酿过程分不开的。如果看不到这一点，就容易把灵感思维看成是一种没有实践基础和认识来源的神秘化的"心灵直接体验"或来自于主体之外的"上帝神谕"而陷入唯心主义的理解。

第二阶段是其第一阶段的深化与继续，也是形成主体灵感思维活动的重要关键环节。它蕴含着产生思维灵感之光的契机和机制。如果没有这个阶段，那么主体的思维活动就会因找不到突破口而枯竭、停滞、僵死。因此，从某种意义上讲，这个阶段是寻找创新思维的突破口、思维活动从量变过渡到质变的跃迁过程。虽然这个过程是在潜意识领域中进行的，是自我意识不到的过程，但它仍属于主体的意识活动，只不过是属于主体意识中最深层、较隐蔽的过程罢了，是其第一阶段活动的继续，依然以显意识的逻辑思考为前提基础。如果不这样理解，就同样会把它独立化、神秘化而陷入唯心主义错误。

　　第三阶段同样也是一个很重要的阶段。它对第二阶段的思维知识成果雏形进行及时的修正、检验、补充和完善，使之不断克服某些缺陷，从而形成富有创新意义的科学思维知识成果。如果没有这个阶段，那么完整意义上的知识创新灵感思维过程还不能算最终完成。因为，在潜意识领域所产生的灵感思维，并不都是正确而清晰的、甚至也许是荒谬的。对之，必须经过第三阶段的严格的科学验证和补充，才能进一步推动灵感思维活动沿着科学思维的轨道发展，结成智慧之果。因此，没有第三阶段的话，蕴含创新意义的思维灵感，会如闪烁的星星，划过夜空便瞬息消失了。

第六章

知识创新的群体思维活动系统

　　知识创新的系统思维活动不仅仅表现为一种个体行为活动，更表现一种群体化的社会活动。这是因为，人本质上是一种社会化活动生存物，人的一切活动必然会展示为一种社会化活动过程。而人的社会活动本质上就是一种系统化过程。知识创新的思维活动也不例外。如前所述，知识创新的思维活动从横向层面来说，它具有两种基本主体的思维形态，即个体思维创新形态和群体思维创新形态。从某种意义上说，知识创新的群体思维活动是一种更加体现了人的社会活动本质的重要形态。或者说，它本身就直接体现了其思维活动的系统性质。它在知识创新思维系统活动中具有越来越重要的地位与功能，值得我们认真研究。

第一节　知识创新的群体思维系统构成

　　知识创新的思维活动作为一种社会化的过程，无疑是一个由社会不同层面的社会成员角色来进行的复杂系统。对知识创新社会群体思维活动的系统结构，我们可以依据由表及里、由外向内的逻辑关系从以下几个层面进行把握。

一、思维创新主体构成

毫无疑问，人才是社会活动的真正主体。人也是知识创新思维活动的主体角色。人作为主体的存在，是客观的物质属性与精神属性的统一体。而人作为现实的主体存在的人，又总是处在各种社会关系活动中的具体的人。马克思说过，"人的本质，从其现实性上讲就是一切社会关系的总和。"① 人的社会存在就是以他所处于的社会关系来规定的。而人的社会关系又是一个具有多方面多层次的文化系统。从人的社会活动关系最浅的直观层次结构来看，可以把从事知识创新系统思维活动之主体的人分为以下几个角色层面：

1. 个体主体

这是知识创新社会思维活动结构中最基本的主体层次和基本单元。人的一切活动首先是以个体形式而存在和发展的。知识创新的人之思维活动也不例外。在人类早的知识创新思维活动中，由于生产力水平低下、人的社会交往程度较低及其范围较窄，知识创新的思维活动主要由以个体主体为其活动形式。即便是在社会交往程度较高、知识信息交流日益增强的现代社会里，知识创新的社会思维活动也不排斥个体主体的活动形式，它仍然成为知识创新社会思维活动的重要的基本结构。或者可以说，任何主体活动形式的知识创新思维活动都是在个体主体的思维创新活动基础上发展起来的。所谓知识创新思维活动的个体主体，就是指进行知识创新思维活动主体形式的存在的单个性，或者说，这种知识创新的思维活动是由单个的人所进行的。当然，作为知识创新思维活动之主体的个体的人，绝不是一般生物意义上的人，而应该是具有实际思维创新能力并处在实际创新过程中的人。只有这种人才能成为主体的存在。思维创新的本质是知识信息的重新建构，只有知识化、信息化并具有思维建构能力的人，才可能成

---

① 《马克思恩格斯选集》第1卷，第18页。

为知识创新思维活动的现实主体。因此，知识创新思维活动的个体主体范畴，实质上是对单个人的思维创新功能属性的规定。知识创新思维活动的个体主体，一般来说具有以下基本活动特性。

（1）存在的个别性和相对独立性。即是说，进行知识创新思维活动的人总是单个的人、个别的人，他与其他社会成员角色处在相对独立的状态。

（2）活动时空的局限性。因为其主体是以独立的个体形式而存在的，这就必然带来其思维创新活动受其个体生命存在形式的时空限制而局限于狭窄范围。

（3）活动的相对随意性和较大的自由性。这就是说，由于其知识创新思维活动是处在一种个体状态，较少受他人或特定集团的思想影响，因而具有较大程度的个人随意性和自由性。这种个体的思维创新自由往往是知识创新社会思维形成的前提基础或条件。当然，这种个体思维的自由性和随意也容易造成其思维创新活动的不稳定性或不持久性。

（4）较明显的个性特征。即是说，由于每一个体主体自身的心理特征、认识能力、思维专长、职业性质等方面的差异性存在，就必然会使其知识创新的思维活动体现出较明显的个性特征。个体主体的知识创新思维活动在知识创新思维活动中具有重要地位，我们不能加以忽视。日本学者认为，知识创造的活动有两种类型：一种是小组活动式的"人类主义"型的创造，另一类则是个体活动式的"个人中心主义"型的创造，"但是，在现代的纯科学中，比起小组的创造性来，却重视'个体'的创造性"①。应该说，个体主体的知识创新思维活动也是很重要的。

2. 群体主体

知识创新的思维活动不仅仅是一种个体主体的活动，更重要和更主要的是一种群体主体的社会活动。所谓知识创新思维的群体主体，就是

---

① ［日］工业技术学院编：《日本科学技术开发道路》，科学技术文献出版社 1986 年版（下同），第 44 页。

指从事知识创新思维活动的人并不是单个的人，而是由相互关联组合在一起的群体人或集团或团队。群体主体是一个集体型的复合概念。从社会角色理论意义上说，这个范畴是对由各种不同社会角色成员所组成的特定的社会角色共同体的规定。群体主体形式反映了各种社会角色在特定时空内所结成的相对稳定的相互制约的社会关系。它是以某种社会活动利益为目标而聚结为一体的社会成员组织形式。从思维创新活动意义上说，就是以特定的思维创新问题（即课题）为纽带而集结在一起、从事特定的知识创新思维活动的人才群体。知识创新思维活动的群体主体，按照自觉与否和稳定与否的意义，可分为非正式群体主体和正式群体主体这两种主体存在形态。前者一般是因为受成员的兴趣、环境氛围等因素的影响而形成，具有自由、宽松和相对不稳定的活动特征。后者则是以特定的思维目标（课题）为纽带而自觉地组合而成，一般具有较严密的组织原则、分工有序和相对稳定的活动特性。按照主体的素质及其组合的层次高低标准，知识创新思维活动的群体主体，又可分为一般普通群体主体和科学家群体主体。前者是指从事思维创新活动的人员群体是由相对低层次的非专业人员组成，其知识创新思维活动相对而言局限于低层次的经验活动领域。后者则是指由知识素质较高的各种专业人才所组成高级人才群体。其活动一般存在于科学研究领域，带有宏观性、战略性、深刻性和理论性等特征。值得指出的是，科学家群体主体是知识创新思维活动的极为重要的主体形式。科学家群体主体结构按其活动领域，可分为硬科学家群体主体和软科学家群体主体。前者主要从事研究"物"的有形的实证科学领域，如物理学、生物学等；后者则主要从事研究"事"的无形的综合性科学领域，如系统论、信息论等①。科学家群体主体形式也叫科学家共同体。它作为知识创新思维活动的高层次主体结构，相对普通群体主体而言，一般具有主体素质的高智能性、不同专业与学科的高度综合性和研究手段与方法的先进性和综合性等特征。知识创新思维活动的群

---

① 参见赵树智、刘永振：《软科学思维》，山东教育出版社 1992 年版，第 4～8 页。

体主体较之于个体主体而言，也具有自身活动的特性，即自身活动的相关整体性、互补性和协调性。因此，不难理解，知识创新思维的群体主体活动超越了个体主体活动的局限性，形成了一种相互贯通、相互整合的有机的主体功能活动网络，从而拓展了知识创新的思维活动空间。

3. 社会主体

所谓知识创新思维活动的社会主体范畴，实际上是对处在一定社会历史时代的人之主体的范畴规定，或者说，是指对从事人类知识创新思维活动不同社会时代的人之划分，是对处在人类历史一定时代整个社会人群主体的范畴规定。人类的知识创新无疑是一个历史过程，必然是有历史的阶段性。而不同社会时代的人们所面临的知识创新的历史任务、社会历史条件及其思维方式都是有差别的。不同社会时代的人们所实现的知识创新的思维成果，既有历史的延续性也有历史的非延续性。即是说，特定社会时代的人们所形式的知识创新思维成果既会成为下一时代人们进行知识创新思维活动的前提与基础，也会成为下一时代人们思维创新超越的对象与阶段，由此而体现出人类知识创新思维的历史活动不断由低级向高级而发展的阶段性。而人类知识创新思维活动及其成果之所以体现历史阶段性，从其根本上来说，又是由处在不同时代的创新主体结构状态所决定。不同时代的人们，由于自身所处的历史条件、面临的历史任务不同，必然会造成自身主体结构的差异性。不难理解，现代的人之主体与古代人之主体，无论是在其思维认识能力、知识素质、社会条件等方面，必然存在着社会时代的差异性，由此而体现出人类历史不同时代社会主体结构的差异性。而不同时代的社会主体必然会形成具有不同时代特征的知识创新思维社会活动，由此而不断推动着人类知识创新思维社会历史活动向前发展。一般来说，不同历史时代的社会主体会具有民族性、地域性和历史性等基本特征。例如，古代人的社会主体与现代人的社会主体、东方人的社会主体与西方人的社会主体在知识创新的思维方式上就存在着地域的、民族的和历史时代的差异性。

二、思维创新组织构成

从其现实的具象形态来说，人作为知识创新思维活动的主体，无疑直接表现为不同社会身份的角色的人。但人本质上作为"一切社会关系的总和"，其自身的存在必然表现着人的社会关系的存在之本质。或者说，人本质上并不是一种自然的存在，而是一种社会关系的存在。而人作为一种社会关系的存在，也不是抽象的和孤立的，而总是处在一种具体的组织系统活动之中，而成为具体的活动着的社会化生存物。因此，我们对进行知识创新思维活动的人之主体，从其背后的社会关系本质层面来考察，又可以将人置入特定的社会组织关系来加以具体规定。

人作为社会关系的存在，其组织活动就成为了其特有的生存方式。这也就是说，人作为本质上是一种社会化活动存在物，必然是处在特定的社会组织活动中的生存物。离开了特定组织，人是无法生存的。组织成为了人之生存活动的时空境域和特有的方式。从社会学意义上来理解人的组织范畴，就是当具有各自要求的人集聚起来为确认共同目标而结成集团，并具有某种内在活动秩序时，该集团就成为了组织。它具有以下基本规定：即它有一个共同目标，这是组织的根本；它以此目标来要求其成员必须超越各自社会角色的限制而趋同共同目标，以达到活动的某种秩序性；其组织整序程度越高，组织结构就越合理，其组织活动效率也就越高①。而从系统论和信息论意义上来理解组织的话，"组织是与系统秩序相联系的范畴，组织既是一个确定的结构，又是一种有方向的过程。……组织具有整体、生长、变异、递阶秩序、支配、控制、竞争等等特征。……组织过程与信息过程是密不可分的，一个系统必须获得一定量的信息才能组织起来"②。组织又总是依据自身特定的制度来

---

① 沙莲香等译：《现代社会学——基本内容及评析》（下册），中国人民大学出版社1994年版，第33～34页。

② 黄顺基等主编：《科学技术哲学引论》，中国人民出版社1994年版，第349～350页。

进行的。特定的规章制度是组织赖以存在和发展的内在条件或机制。我们不难对人的组织范畴做出以下规定性，即它是一种群体行为活动；它具有特定的活动目标，或者说它上一种合目的化的过程；它具有活动的秩序整合性；它又是一种信息化的自控过程；此外，它还具有制度制约性。概括起来讲，组织范畴就是对群体主体活动过程中的各种关系有序整合的本质规定，它反映了组织活动的各种本质特性。而组织机构则是指组织关系的结构及其机制的具体模式或样式，或者说，是指社会成员活动关系进行有序整合的结构及其机制的具体模式。

　　知识创新的思维活动无疑也是一种很重要的社会活动，因此，也必然存在着一个其活动关系需有序整合的问题。知识创新思维的社会活动是以"科学研究"为其本质特征的。每一个体主体都必须围绕着这一共同思维目标而展开活动。但由于不同的主体其研究的角度、方法、工具和手段等方面的差异性，就会使得其趋近共同目标的过程充满了复杂性和一定程度上的无序性。因此，为了实现共同的知识创新的思维目标，就必然要在目标与活动之间构建一种有序的整合关系，或者说，要建立协调、整合其各种活动关系、使之形成规范化、秩序化的活动，并以相应的规章制度将这种有序化活动稳定持续化的特定的组织机构及其机制的具体模式。这就是知识创新思维活动的科研组织机构得以确立的问题。或者说，知识创新思维活动的科研组织机构，就是其活动的社会组织关系整序化的存在模式。

　　知识创新思维的科研组织作为创造性人才群体活动的整序化的结构模式，是人类社会发展到一定历史活动阶段的产物。真正较完全意义的科研组织是在近代科学研究活动发展基础上才出现的。综观人类科学发展历史，科研组织按其不同意义可以分为以下主要类型：即按其组织稳定程度与否可分为正式科研组织与临时科研组织，前者的成员与其组织有一定程度的人身依附关系、有序程度较高、稳定程度较大，后者则结构松散、自由程度较高、如维纳式的"科学午餐沙龙"、"布莱克特杂技团"等；按其科学性质可分为跨学科的综合科研组织与本学科的等级性科研组织，前者体现了学科性质的横向关系，它有利于发挥学科之间的各自优势、取长补短，解决较重大的综合性或边沿性课题，后者主要体现了学科性质的纵向关系结构、有利于学科领域的深化研究；按照组织机构的国籍性还可以分为跨国性的科研机构与本国性的科研机构，前者有诸如国际应运系统分析研究所（简称 IIASA）等，后者诸如著名的兰德公司等；此外，按组织所属的社会管理性质还可以分为官办科研组织与民办科研组织，等等。不同的知识创新科研组织形式会具有自身不同的性质与特点，但这并不排除它们也会存在着共性、存在着形成最佳组织关系结构的共同要求或原则。"科学学研究者认为，最佳的结构应该是一个呈正角形的组织形态，因为它既有宽厚的基础、又有尖锐的锋芒、能够产生最好的能级效应"[①]。这就是说，知识创新的社会群体只有形成了科研组织的能级结构，才能发挥其思维创新的最佳整体效应。

三、思维创新元体结构

知识创新的主体无论采取何种社会角色和组织形式，从其更深层次来看都是思维集约元体结构。其主体的社会角色及其组织关系不过是其内在的思维元素本体结构的外在表层形式而已。

所谓思维集约元体结构，是指对知识创新主体及其活动的思维层次的本质规定。思维集约元体结构与知识创新的社会角色及其组织结构是内容与形式、核心与载体的关系。前者是后者的本质、核心与内容，后者则是前者的外观现象、形式与载体。思维集约元体结构作为一个特定的范畴，具有以下自身的规定性：

（1）思维的本质属性。这就是说，它是由思维活动的诸元素所构成。知识创新的社会群体活动从深层本质上来说，就是一种由不同社会

---

① 参见《科学学》，科学技术文献出版社 1988 年版，第 97 页。

角色的人所形成的思维活动。而思维集约元体结构范畴，就是对这种思维活动本质层面的指称，因而它本身无疑就是一种思维属性的活动存在，而不是一种独立于人之外的客观的物化结构。当然，这种思维属性的活动层面的形成是有其客观来源与基础的。

（2）思维创造的能动性。知识创新社会群体活动之根据就在于这种思维集约元体结构的能动创造性。因为，人之所以成为创造主体，就是因为人是一种具有思维能动性的生存物。人的思维不仅可以超越感官的限制而把握外在事物运动的本质与规律、形成创造理想事物的观念力量，而且可以凭着其实践方式将这种思维的创造性认识转化为实际的力量而现实地改造外在事物。思维集约元体结构，就是一种"集约"了不同个体思维能动性活动的优化结构，无疑会具有更大程度的思维能动创造性功能。

（3）思维要素集约的整体性与社会开放性。这就是说，思维集约元体结构并不是一种单一结构的孤立存在，而是一种由不同思维个体及其要素所组成的思维整体，并随着社会变化发展而不断呈现为开放发展的状态。"集约"的过程，本身就是一种体现了思维由个体走向整体的社会化过程。由许多不同的思维个体的诸要素经过相互集约的过程，就必然会聚结而成一个具有高度综合性思维有机整体活动。这种思维整体的活动结构在其依赖的社会变化发展的环境中也决不可是封闭孤立的，而必然成为随着社会不断变化发展而呈现为开放性发展的思维生态。

思维集约元体结构，从社会的宏观意义上来看，也就是一个由众多不同的个体思维相互运动而形成的社会思维整体状态。它是对知识创新社会活动结构做思维性质与属性的规定。众所周知，实物与场是客观世界中物质存在的两种基本形态。场体现了一种总体的力。德国社会学家柯特？卢因曾借用物理学中的"力场"理论来描述个体行为与群体行为的相互作用。他称之为"群体动力场论"。同样，在人的思维活动中也有"场"的存在。人作为思维活动的主体，他们在共同的社会生活中必然会在思维中发生相互作用而形成一种"场"即"社会思维场"。

这种社会思维场就是知识创新的思维集约元体结构概念所反映的内容。它实际上就是指社会各层次主体的思维活动因相互作用而形成的思维总体的关系系统。它虽然有一定的物质感性表现形式，如语言符号与非语言符号等，但本质上却是思维属性的精神场相结构。它体现了人类社会中不同主体的思维整合后而形成的社会"思维统一场力"。恩格斯曾经说过，"历史是这样创造的：最终的结果总是从许多单个的意志的相互冲突中产生出来的……这样就有无数个互相交错的力量，有无数个力的平行四边形，而由此就产生出一个总的结果，即历史事变。这个结果又可以看作一个作为整体的不自觉地和不自主地起作用的力量的产物……而是融合为一个总的平均数、一个总的合力。……每个意志都对合力有所贡献，因而是包括在这个合力里面的。"① 而知识创新的思维集约元体结构概念所揭示的"社会思维场"就是指在人的社会活动中，"无数个相互交错的"思维力量、"无数个"个体思维力的"平行四边形"、"融合"为"一个作为整体的"思维"总的平均数"、一个思维整体的"总的合力"。或者说，思维集约元体结构，就是一个由无数个思维主体在其社会交互过程中形成的高度集约综合的思维活动的整体结构状态。不难理解，它是知识创新的群体化思维活动过程中所必然形成的独特的思维活动系统生态。它在人类知识创新思维活动历史过程中有着自身的思维活动结构特点及其功能特性。

第二节　群体思维活动结构特性

上述内容已表明，知识创新思维的社会群体，是一个由不同层面的要素所构成的复杂系统，或者说，是由诸如社会角色、组织关系、思维元体等不同社会层面因素相互作用而形成的极其复杂的群体整合。这显然是一个与单纯的个体思维所不同的思维活动形态，必然具有自身结构

---

① 《马克思恩格斯选集》第 4 卷，第 478～479 页。

的特性，具体说来，主要有以下几个方面。

一、构成要素异质多样性

这就是说，知识创新思维的社会群体活动结构，其构成的因素是很有差异的，而决非由同类因素组成。或者说，它是一个由不同社会层面的诸因素所组成的复杂整体。无论是其社会角色层面、还是其组织关系层面或者其深层的思维元素，都存在着不同程度上的多样化的差异性。这可以说是知识创新思维社会群体活动结构的最根本也是最显著的特性。

事物的差异性是构成事物自身不断变化发展的根本动因。世界之所以如此变化多端、多彩多姿，其根本原因就在于构成这个世界的事物是千差万别的。正是因为组成这个世界的事物自身的差异性孕育了这个世界变化发展的生机与活力。差异就是矛盾。而矛盾就是推动事物变化发展的根本动力。因此，不难理解，人的思维活动要创新发展必须同样具有差异机制。只有具备了差异性，才能真正具有创新发展的内在动因与活力。因为，从某种意义上来说，创新的本质就是求异而忌同。现代系统论原理告诉我们，相同的事物或因素结合在一起，只能导致事物线型的量的叠加而非事物的性质变化，从而最终会形成事物系统的封闭性与死寂状态。而不同的即有差异的事物或因素结合在一起，会导致事物或要素之间的相互碰撞、相互冲突，从而形成非线型的多维向度的变化发展的运动趋势，才能形成新质的变化及其新的层面，使自身不断具有了创新发展的生机与活力。从思维创新意义上来说，正因为具有了自身活动结构的差异性，也就具有了其内部诸因素在相互碰撞、相互作用、相互冲突的基础上相互融合、相互建构的内在根据与机制和条件。因此，思维自身活动结构或状态的差异性，是导致其创新发展的内在根据与机制。这也可以说是知识创新思维发展的基本规律。

知识创新思维的社会群体结构的差异性体现在它的三个层面。就其社会角色层面来说，构成这个知识创新思维的社会群体的成员，应该是具有不同研究领域、不同知识背景和不同研究专长及其思维个性的人员。只有形成这样的异质型角色结构，才能在相互碰撞中产生创新的火花、形成新的思想。而由那种绝对相同毫无差别的专业人员组成的群体，会因具有自身专业封闭的局限性而很难产生新的思维。就其科研活动组织层面来说，就在于要形成有差别的合理的等级组织关系。这种合理的等级关系不仅在于要有最高层、管理层、执行层和操作层，还要有老中青相结合，并要有相应的弹性灵活的管理机制与激励机制。那种僵化封闭、整齐划一的组织关系只能阻碍和压抑人的思维创新活力。就其思维元体层面来说，就体现为它包含着许多丰富而不同的思维知识信息及其思维主体，诸如历史的、哲学的、政治的、艺术的、道德的、数学的、生物的等自然科学和社会人文科学的知识信息及其作为人的思维主体。这些不同的思维主体及其思维信息就必然会形成相互碰撞、相互作用和相互冲突的状态。而这种相互冲突、相互碰撞又必然导致其相互融合、相互贯通的发生。在知识创新思维活动过程中，思维的解构与建构是同一过程中的两个方面。很显然，正是由于这种思维活动结构诸因素的差异性存在，才导致了其创新发展的思维生态的形成。

事实也是如此。总结一下人类知识创新发展的历史，我们不难看出，真正具有较强创新功能的社会群体思维活动，都存在着一个共同的根本特征，即它们结构上具有不同程度的差异性。正是因为它们是一个异质型结构，才成为了具有创新活力与生机的创造型群体。例如，现代系统论的最初思想就是在由维纳等生物学家、数学家、物理学家、化学家、艺术家等不同学者所形成的科学沙龙活动中最早得以孕育形成的。现代科学发展也表明，就是进行跨学科的交叉研究是科学创新发展的重要途径或规律，也是知识创新发展的基本形式。而跨科学的交叉研究之所以能更有利于知识创新，其根本的原因或机制就在于它内在地具有学科知识及其思维的差异性。因此，结构要素的差异性，是形成知识创新思维社会群体结构最根本和最重要的本质要求与特征。

二、思维信息高度集约性

如前所述，知识创新思维的社会群体结构，从其本质层面来说是一个思维元体集约结构。它实际上就是凭着作为主体的人在其社会交往活动中所形成的思维流网络，是"虚"的思维"场"。当然，这种社会思维"场"并不是一种空洞的"无"，而是一种思维"信息流场"的存在。从表面上看，这种思维场相主要是以科学家为研究主体所组成。但科学家作为社会思维场相主体，绝不是因为他的自然的存在。"大凡被称誉为科学家、发明家的人，他必然是一个信息化了的人"①。美国当代著名的科学哲学家瓦托夫斯基在论述科学家本质时说过，"他已经是在正规学校中受过严格训练、并带着冷静的头脑、信心和知识而出现于世。在他的身上，理论的知识和使这种理论有效地应用于实践的方法已结合在一起……他属于一个讲着一种世界性语言的世界性共同体。"②可见，科学家本质上是作为知识信息化的存在而成为知识创新的社会思维场相结构主体的。因此，知识创新的社会群体的本质内容，并不是指与之相关的物质的感性存在形式，而是由这些物质的载体形式所携带的内核——即思维知识信息所构成。换言之，知识创新的社会思维集约元体结构就是一个由不同层面的诸思维信息相互交汇而成的"信息流场"。而且，这种知识创新的社会思维集约元体结构并不是对诸个体思维全部信息进行的简单机械的拼凑，而是一个众多个体思维所贮藏的信息经过不断集约化筛选过滤的过程而交汇形成的高度密集的信息场。社会思维集约元体结构的信息虽然来源于诸个体思维信息量的交汇，但它本身并不等同于诸个体思维信息量的简单相加。贮存于诸个体人的头脑中的思维潜在信息应该说是丰富多样的，是一个巨大的思维潜能资源，

① 刘永振等：《潜科学哲学思维方法》，山东教育出版社 1992 年版（下同），第 79 页。
② 瓦托夫斯基：《科学思想观念基础——科学哲学导论》，求实出版社 1982 年版，第 1 页。

但在人的社会交往过程中通过语言符号等中介表达出来的思维信息，相对于大量贮存在其头脑中的思维信息而言，则只是一种经过了筛选、过滤和规范过的信息，只是其贮存的部分即精华部分。这种储存于个体头脑内部的思维信息通过表达而外化的信息交汇过程，实际上就是一个思维信息的集约化过程。因此，不难理解，由众多个体思维信息经过"集约化"处理而交汇合成的知识创新的社会思维场相结构，必然就成为了一个思维信息高度集约化的密集型知识结构，是一个蕴藏着丰富的创造性潜能的资源结构。

三、思维系统动态开放性

知识创新思维的社会群体活动，其深层本质作为一种由众多个体思维运动交汇而成的社会思维集约结构，绝不是一种固定封闭的实体结构状态，而是处于时刻不断变化发展的开放性状态，是一个思维"信息大旋涡"的风暴状态。一方面，它内部存在着诸方面不同的个体思维之间的相互作用、相互碰撞的交互运动；另一方面，它作为思维信息系统必然与其外部社会环境之间发生信息的交互运动。因此，社会思维场相结构必然处于其思维诸信息不断相互交流、相互渗透、相互贯通的开放性运动状态。正是由于它的这种自身思维信息变化不息的状态性质，为其思维信息的重组建构的增殖变化、从而创造新的思维信息成果，提供了内在的活动机制。对于知识创新来说，社会群体思维的这种思维信息场相结构性质具有特别重要的意义。因为，正是由于处于这种内外交互碰撞而生成变化的开放性活动状态，才能掀起思维的风暴、扬起思维的波澜、撞击起智慧的浪花，形成创造性的思维信息成果。众所周知，思维创新活动中常见的"头脑风暴思维创新法"，实际上就是反映了众多思维个体主体在开放性状态中畅所欲言、进行思维信息大交流，汇合成充满创新活力与生机的社会思维场相运动，从而形成创新的知识思维信息成果。当然，知识创新的社会群体的思维信息集约状态，作为一种结构性的存在，尽管处于不断变化发展的开放性状态之中，但仍保持一定结构的稳定性。而且它一旦形成又会成为制约其他个体思维活动的客观精神力量。

四、社会时代性和民族性

从某种意义上来说，知识创新的社会群体思维活动结构，又属于宏观的社会思维结构范畴。任何社会思维活动结构都是处在特定的社会历史时代、民族文化环境和特定的区域文化环境之中的，必然受制于特定的社会历史条件、民族文化及其特定的区域文化的影响，而赋予自身的时代特色、民族文化风格及其特定的区域文化特性。只有这样，它才能成为被这个时代、这个民族和其特定区域所认同并能发挥其功能的社会思维规范系统。而且，这种知识创新的社会群体思维活动结构也不是封闭僵化的，它必然随着其社会历史时代的变化而不断变化发展。恩格斯曾经指出，"每一时代的理论思维，从而我们时代的理论思维，都是一种历史的产物，在不同的时代具有非常不同的形式，并因而具有非常不同的内容。"①

第三节 群体思维活动结构功能

在现代系统论看来，任何事物作为特定的系统存在，由于自身构成要素及其生存环境的不同，必然会具有各自不同的系统功能。知识创新的群体思维活动作为由社会诸方面的思维个体的交互运动而汇成的思维活动整体结构，必然会具有与个体思维活动所不同的自身特定功能。因为，系统的结构必然会决定特定的功能。知识创新的社会群体思维活动结构作为一种结构——功能性的系统存在，它存在着两种向度的功能性

---

① 《马克思恩格斯选集》第3卷，第465页。

运动：一方面表现它的内部的诸思维个体之间的相互制约与相互影响的功能运动，以创新思维效益；另一方面表现为它以自身的思维范式及其思维成果对外部社会环境的作用与影响。具体说来，知识创新的社会群体思维活动结构具有以下基本的功能。

一、思维感应交互运动

知识创新的社会群体思维活动结构作为一种由众多个体思维维交互运动而形成的思维整体状态，对于其诸个体思维而言，又成为了一种外在的客观的社会思维信息源，因而反过来会进一步激发、刺激和感应其个体思维的信息运动。这也就是说，社会群体思维活动结构既来源于众多个体思维信息的交互合成在成为整体性的思维"合力"，同时又凌驾于其诸个体思维之中而以一种思维"场力"、总的思维惯力去进一步统摄和感染诸个体思维的信息运动，它仿佛是"一种普照的光，一切其他色彩都隐没在其中，它使它们的特点变了样。这是一种特殊的以太，它决定着它里面显露出来的一切存在的比重"①。即是说，由众多个体思维信息资源聚集点亮起来的"社会思维场相信息聚光灯"，反过来又以自身的光芒普照、感染和激发众多个体思维信息运动，使之更加发热、发光，从而形成了知识创新社会群体思维结构中内部诸思维信息的交互感应运动现象。而诸思维信息之间所存在的相似性或相通性则是形成这种思维信息交互运动的内在根据。因为，社会群体思维作为本质上来自于众多个体思维的集合，其自身的内容必然包含着诸个体思维信息，因而与社会诸个体思维信息之间存在着必然的相似性或同构性。基于这种知识创新思维的整体与个体之间的相似性或同构性，就会形成思维整体与个体的交互感应运动。这种知识创新思维的交互感应运动主要在于以下几个层面上进行：一方面，个体思维与社会群体思维整体结构会发生思维信息的相互感应运动。即社会群体思维活动结构不断吸取和

---

① 《马克思恩格斯选集》第 1 卷，第 109 页。

集约诸个体的思维信息，以丰富自身的思维信息结构；同时它作为巨大的思维信息系统又反过去不断刺激、感染个体思维的信息运动，因为个体思维的知识信息除了从个人直接经验中获得以外，大部分主要是从社会群体思维活动结构这个"知识信息库"中汲取的。另一方面，社会众多诸个体思维在其共同的社会群体思维活动规范系统的制约下和影响下，彼此之间通过语言符号理解系统的中介而会发生相互感应、相互理解和相互促进的交互运动。此外，知识创新的社会群体思维活动结构作为信息系统，也会通过传播媒介等中介系统而与它的外部环境发生信息的感应交互运动。这些表明，知识创新的社会群体思维活动结构中的感应交互运动总是伴随诸信息之间相互交流的运动而进行的。

二、思维信息重组生成

事物系统要素的差异性必然会导致其系统生成建构的运动。如前所述，知识创新的社会群体思维活动结构是一个包含着丰富多样的知识信息的"大旋涡"，它大量地集约了诸如历史的、哲学的、政治的、艺术的、宗教的、道德的、化学的、数学的、生物的等自然科学与人文社会科学的知识信息。这些知识信息既有差异性又有相似性或相通性。因为，它们作为对客观对象的反映，都是不同方面反映了对象整体本质的不同方面，从而在一定意义上总会具有内在的联系。这样，其不同的思维知识信息之间必然如上述会发生相互感应的交互运动。而这种思维诸信息的彼此感应的交互运动必然会引起其思维信息的重组建构运动。这两个层面的运动是密切相关的：思维信息的感应交互运动是其思维信息的重组、嬗变与建构运动的前提与基础，而思维信息结构的嬗变、重组与建构则是其思维信息感应交互运动的必然深化的结果。没有思维信息之间感应与交互，就不可能导致其思维信息内部自身的嬗变与重组，也就不可能有思维信息在新的层面上的建构。社会群体思维活动结构这种信息自身的嬗变、重组与建构的功能运动，突出地表现了其知识创新的思维特征。因为，在这种思维信息结构的嬗变与重组的运动过程中包含着两个相关的重要运动环节：（1）是对思维知识信息原有结构形式的进行破解、解构与超越。这是知识信息创新的重要前提。（2）是在新的意义上对知识信息结构进行重组与融合，以建构成新的知识信息结构。这是社会思维场相知识信息结构嬗变过程中两个不可分割的环节或方面。这同时也表明，知识创新的社会群体思维活动又是一个其知识信息在创新中不断衍变生成的增殖过程。

三、思维范式规范制约

知识创新的社会群体思维场活动结果必然会形成一种思维信息整体结构的新样式，即思维范式。这也就是说，在知识创新的社会群体思维运动过程中，不同的思维信息及其思维主体通过相互碰撞、相互冲突的运动，必然会在新的基础上或层面上相互融合而建构成一种新的思维方式即新的思维范式系统。这种思维范式系统虽然本质上来自于众多个体思维运动的整合，但它一旦形成就会作为一种社会的客观精神力量而发挥着自身的规范功能。这种在新的基础上或层面上形成的新的思维范式系统，是知识创新社会群体思维结构运动发展到成熟阶段的标志。因此，不难理解，作为必然会形成新的思维范式系统的知识创新社会思维的场相结构，必然又会具有自身的思维规范制约功能。这种规范制约功能作用主要存在于以下两个方面：一是对社会思维场相内的诸个体的知识创新思维活动的规范与制约；二是对其外部社会环境活动的规范与制约。就前者而言，主要表现在以下方面：（1）是定向选择功能作用。即是说新的思维规范系统作为一种客观的社会思维力量框定着个体思维创新的运动方向，引导着个体的知识创新思维主体选择与这种思维范式相适应的价值取向、思维信息材料及其思维操作方式。（2）是组织调控功能。这就是说，知识创新的社会群体思维活动结构所形成的新的思维范式既来自于众多个体思维创新运动的集约，又反过来成为众多个体思维创新运动所遵循的思维模式和参照框架，并以此来组织、协调和控制其个体思维创新的活动，使它们在非线性运动中能彼此相互贯通、相互协同，以维持整个知识创新社会群体思维活动的有序性。就后者而言，主要在于两个方面：（1）是知识创新的社会群体思维活动结构以自身新的思维范式系统及其思维创新成果，直接指导和影响着社会精神文化层面的建设，规范着社会精神生产运动和人们的社会行为方式；（2）是知识创新的社会群体思维活动结构通过影响科学文化的价值观念和意识形态来制约和影响着社会物质生产的发展。直言之，知识创新的社会群体思维活动结构对于规范与制约社会物质生产和精神文化生产有着重要的作用。西方以求真为目的的社会思维方式，强调了思维的逻辑性与形式化，突出地促进了其自然科学与技术和物质生产的发展；而我国强调天人合一的传统的整体性思维方式，则对于促进社会人文科学和思想道德建设的发展起了重要的作用。

第七章

知识创新思维系统的社会整合

我们在前面的分析主要是对知识创新的群体思维系统活动结构做了一种静态的透视，即侧重于分析其结构的横向的静态层面关系。实际上，知识创新的群体思维活动系统作为一种随着社会历史发展而不断变化发展的开放性系统，总是处在不断变化发展的动态之中，即处在其内部的诸思维主体及其思维信息不断相互整合的变化发展过程中。所谓整合，作为一种范畴，就是对其思维运动变化发展"过程"的概念表征。知识创新的社会思维作为一个复杂的系统过程，其思维的社会整合不仅是横向的，更是纵向，这也就是说会具有多维向度的整合，并具有自身整合运动的机制与规律。

第一节 知识创新思维的社会整合向度

知识创新的社会思维活动作为一个由不同层面的思维诸主体及其思维信息要素所组成的复杂性的开放发展的系统，其系统的整合运动无疑是一个极其复杂的过程。或者说，它必然是一个有着多种层面及其向度的变化发展的过程。总的说来，知识创新思维的社会整合具有横向与纵向这两种基本的运动向度。当然，即便是在其中的基本的运动向度中也会存着更为具体的运动层面，由此表明，整个知识创新思维的社会整合是一个具有差异性、丰富性、多样性与开放性的思维生成变化发展过程。

一、创新思维横向整合

这是知识创新思维社会整合的最基本的运动向度或层面，具体表现为知识创新的个体思维与群体思维两种运动形态的相互整合。整合必然是相互的，或者说是在相互作用的过程中进行的。整合作为一种事物运动的形式，内在地包含着两种基本运动：相互对抗或冲突又相互贯通或融合。或者说，整合是一个解构与建构相内在统一的过程。

知识创新的社会思维活动无疑是一个包含着知识创新的个体思维与群体思维相互整合的过程。知识创新无疑是首先从个体思维创新的活动中开始的。个体思维的创新是知识创新思维活动发生的原生点或开端。但知识创新的意义并不局限于其个体活动层面，它作为一种社会化活动更在于其群体思维活动及其整个社会时代的思维方式。在知识创新的个体思维活动基础上必然会开成知识创新的群体思维活动。在知识创新思维的社会实际活动过程中，即便存在着群体的思维活动，也并不排斥同时也存在着知识创新的个体思维活动。因此，个体的创新思维与群体的创新思维是知识创新思维社会活动过程中的两种基本的存在形态，二者是整体与部分、一般与个别的辩证关系。它们在知识创新的活动过程中相互作用、相互制约、相互贯通与相互融合。

一方面，个体的知识创新思维活动是形成和发展群体的知识创新思维活动的前提与基础，由此而表现了个体思维对群体思维活动的作用与制约。整体是由部分组成的、群体来自于个体的聚集。所谓群体思维实际上就是对个体思维活动的集合，没有个体思维就不可能有群体思维。在知识创新的社会实际活动中，知识创新的开始无疑是首先凭借个体思维的发生，即总依靠个别的科学家的个人思考。但人作为一种社会化活动的生存物，总是处在开放性的社会交往过程之中。因此，个体思维活动的发生必然会导致群体思维活动的形成。这也就是说，个别的科学家在思考的过程中通过其思维信息与外界的社会交往，必然就会产生对社会环境的影响，从而会引起其他科学家的研究兴趣与进一步思考，由此就会形成一个具有相同的思维目标与兴趣的群体研究活动。因此，个体思维的创新是群体思维创新活动所赖以形成的基础。不仅如此，即便在已形成群体思维活动的基础上或者说在群体思维活动中，也并不排斥或否定其中个体思维活动的存在意义。在这种情况下，其中的个体思维创新活动的状况也会改变或制约其群体思维创新活动的结构与性质。这就是说，在群体思维活动中也会由于其中个别科学家的重大思维发现而引起其群体思维活动方向的改变或目标的调整，从而导致其整个群体思维活动性质与结构的变化。在人类科学发现史上，总不乏这样的例子：在一群科学家的研究活动中，虽然经过了长时间的研究与思考，但总找不出解决问题的最佳方案，其群体思维活动因找不到思维的突破口而陷入困境与停滞。这时，总会有一个科学家在思考中突然灵感迸发而有了思维上的重大发现、产生了思维震动而启示了其他科学家，有可能会放弃群体思维活动的原来方向与目标，沿着新的思路而找到解决问题的突破口，从而彻底改变了群体思维活动的模式与结构。因此，个体思维的创新也是推动其群体思维创新活动发展的重要基础。

另一方面，群体的知识创新思维活动也制约着、影响着或统摄着个体的知识创新思维活动。人作为一种社会化存在，必然会受他人的思想及行为的影响。人总是处在一种社会化活动过程中存在。个体思维从其存在的本质上来说，也就是处在群体思维活动中的过程。因此，它必然会其群体思维活动的影响与制约。群体思维虽然来自于诸个体思维活动的集合，但它一旦形成又会反过来对其诸个体的思维活动具有统摄与制约功能。正如整体来自于部分又制约部分一样。就知识创新的个体思维本身而言，它也并不是绝对封闭与固定不变的，而总是处在不断变化发展之中。而知识创新的个体思维活动之变化发展必然来自于其生存于其中的社会群体环境的影响与制约。具体来说，作为个体的科学家在进行知识创新的思考时，他必须不断接受他人对该问题思考的知识信息；必须不断从他人中了解相关领域甚至跨领域的知识信息；必须不断与他人进行思维信息的相互交流；只有这样，他才能不断进行知识创新的思维活动的发展。这种知识创新的个体思维活动之变化发展的过程，实际上也就是一个不断受其群体思维活动的作用、影响和制约的过程。此外，群体思维活动作为来自于诸个体思维活动之整合，它的所形成的特定的思维范式，也必然对其中的个体思维的创新活动产生统摄与规范作用，以进一步促进与规范其个体的知识创新思维活动之发展。

总而言之，在知识创新的社会思维活动过程中，个体思维的创新活动与群体思维的创新活动是相互作用、相互制约和相互贯通的。从某种意义上说，知识创新的社会思维就是一个其个体思维与其群体思维相互整合而不断生成变化的开放性过程。这种整合也是一个不断由低级向高级而深刻发展的过程。

二、创新思维纵向整合

如前所述，知识创新是一个不断由理论知识创新系统经过技术创新系统和知识传播系统而向知识应用系统扩散发展的过程，或者说，是一个不断由知识的生产、知识的技术处理、知识的培训传播和知识终端应用等诸环节所组成并依次演化发展的过程。这无疑也体现了一个不断由抽象走向具体、由个别走向普遍的社会化过程。

这一知识创新的扩散传播的演变发展过程，从其思维活动层面来说，显然就是一个不断由知识理论思维向技术思维、教育传播思维和具体应用思维等思维主体及其思维形态扩散转化发展的过程。值得指出的是，在这一扩散转化发展过程中，存在着两个重要的运动层面：其一，这一过程不是一个简单的顺序平面化转型过程，而是一个在内容上不断变异增殖的过程。即是说，知识的本质在其每一个转化发展的环节上伴随其形态的变化而会在内涵上都有所丰富，或者说，在知识创新体系的整个扩散转化过程中，创新的意义始终贯穿于每一个环节。其二，在这一知识创新扩散传播演化发展的过程中，除了呈现为上面所提到的知识的技术处理、知识的培训教育和知识的终端应用等环节或形态外，又从某种意义交织着或体现为知识的理论思维、技术思维、制度思维和管理思维等不同的思维运动环节或形态。因此，这也表明，知识创新的扩散演化发展过程是一个内涵变化极其复杂的社会化过程。但无论从何种意义或运动层面上来看，这种知识创新的扩散传播演化过程体现了其纵向发展的社会向度。因此，不难理解，作为特定的知识创新活动，从其思维运动层面来说，也必然存在着其不同的思维主体及其思维形态纵向发展的运动向度。

1. 理论创新思维

这是特定的知识创新思维系统纵向发展的原生形态、生长点或出发点。知识创新系统总是从理论基础研究开始的。因此，基础理论的原创性研究是知识创新系统形成和发展的起点。基础理论一般是由基本的理论原理、公理或原则等知识构成。它是对客观对象一般本质与规律的理论反映。它具有广泛的普适性和抽象性。对这种基础理论领域的思维创新就成为了知识创新思维系统的开端。作为知识创新思维系统发生源的理论创新思维形态，一般来说是主要由从事科学基础理论研究的科学专家学者来进行的。一般来说，这种理论创新思维形态具有以下基本特性：

（1）逻辑性。这就是说，基础理论的思维创新一般来说是在理论的逻辑层面上进行的，具有较强的逻辑特色。因为，基础理论总是以一定的逻辑关系所构成的理论体系。逻辑成为其内在结构的本质框架。而对其进行的思维创新也必然在这种逻辑层面上才能展开，因而也就必然具有逻辑的特征。这种思维的创新无论是作为全新的否定还是作为部分的补充或完善，都必须符合其理论逻辑的要求。

（2）抽象性。这就是说，作为基础理论的思维创新，总是在以抽象的范畴或概念为其存在形式的基本原理层面上进行的，而不是对某一具体的操作行为或具体的实体对象的思考，因而其思维创新的过程必然会具有抽象性。

（3）较广泛的普适性。这是因为，一般来说，基础理论的思维创新研究所揭示的内容是客观对象的一般本质及其规律而不是其特殊本质及其特殊规律，因而其适用的范围应该说是很广泛的。知识的理论创新思维作为知识创新思维系统发生与发展的开端，它自身的创新性质及其程度必然会制约着和影响着整个知识创新思维系统的发展过程。具体来说，它规定着知识创新思维系统运动发展的方向与轨迹；它统摄着或制约着知识创新思维系统诸要素的相互运动的方式及其过程；它成为推动知识创新思维系统向前发展的原生动力或动力源泉。

2. 技术创新思维

这是特定的知识创新思维系统纵向发展的第二阶段的存在形态，也是进一步推动知识创新思维向前发展的次生形态和动力。从知识创新思维系统发展的整体过程来说，基础理论的思维创新绝不是其创新的终结，而只是刚开始的第一步。它必然要进一步转化而与特定的生产技术工程相结合，从而获得自身的新的存在形态即技术思维创新形态。如前所述，知识的存在形态是多种多样的，它具有发展的多维向度；知识的技术创新是知识创新系统发展的第二个阶段。与此相适应，知识的技术创新思维也就成为了知识创新思维系统发展的第二种存在形态和阶段。这也是其知识的理论创新思维发展的必然结果。正如理论的认识之目的是为了实践和必然要归宿于实践一样，知识的理论创新思维也必然要转化为知识的技术创新思维。一般来说，知识的技术创新思维具有以下基本特性。

（1）综合性。从某种意义上说，技术就是指人依据一定的理论知识原理并结合特定实践的需要而对某种实际对象进行设计、处理和改造的操作过程。而它作为一种具体的操作过程必然是对各种相关理论知识、规则、工具、手段及技能的综合把握。因此，技术本身就具有综合的特点。而技术知识就对这一过程的科学反映与把握。"技术知识是一种综合性的知识……是关于自然科学知识和人的需要的知识（在现代往往表现为社会技术原则）的综合。"① 因此，受这种技术过程本身的客观制约，知识的技术创新思维也必然具有思维的综合性，即在其思维创新过程中必须综合其相关的不同的理论原理（而不仅仅是某一方面的理论知识的简单运用）、实践要求、操作规则、人的需要及其技术要求等诸方面的因素。

（2）实践的操作性。与理论知识不同，技术知识具有较强的实践性、操作性与现实感。"技术知识是关于有效地进行实践活动的知识，是对实践观念的展开和具体化"②，美国技术哲学家斯柯列莫夫基认为，"技术则是按照设计创造现实"③，美国学者米奇安也说过，"而技术知识的目的在于控制或操纵世界"④。由此不难理解，知识的技术创新思维也必然具有实践的操作性，即其思维创新总会指向具体的实践操作行为，或者说总是围绕着具体的技术操作实践活动来进行思考，并在其思维设计过程中力图保持思维活动的实践功能及其操作价值。

（3）具体性。与抽象的理论知识不同，技术知识总是具体的。如前所述，技术知识不仅是对各种理论知识的综合，更是对其具体操作实践行为诸要素的综合，因而已超越了纯粹的理论层面而成为了一种具体的综合知识。"具体之所以具体，因为它是许多规定的综合，因而是多样性的统一。"⑤ 因此，知识的技术创新思维必然是一种具体的思维活动，即它总要围绕着特定具体的技术工艺活动来进行，并力图保持思维的具体形态及其具体的运用价值。知识的技术创新思维在整个知识创新思维系统发展过程中具有重要的地位和功能：一方面，它作为知识的理论创新思维之发展目的与归宿，从某种意义上就成为了牵引、引导和规范理论创新思维运动发展的方向之力量。因为理论总是为一定实践目的

---

① 张斌：《技术知识论》，中国人民大学出版社 1994 年版，第 134 页。
② 张斌：《技术知识论》，中国人民大学出版社 1994 年版，第 22 页。
③ ［德］拉普编：《技术科学的思维结构》，第 94～95 页。
④ 邹珊刚主编：《技术与技术哲学》，知识出版社 1987 年版，第 47 页。
⑤ 《马克思恩格斯选集》第 2 卷，第 103 页。

服务的。很多理论知识的创新发现就是在围绕着技术创新的需要或目的而进行的。另一方面，它又成为了知识创新思维系统进一步过渡到其他发展阶段的前提基础与动因，从而规范着、制约着和推动着其思维系统诸要素的相互运动的方式及其过程。

3. 传播教育创新思维

这是特定的知识创新思维系统纵向发展的第三阶段的存在形态，也是进一步推动知识创新思维系统自身前发展的重要基础。从某种意义上说，知识存在的价值与意义及其创新在于知识的传播。"知识就被看成了充满了不断转变、融合、合并的知识成分的动态的液体，也就是说知识更多地被当成了一个过程。"① 知识的传播作为一个知识信息的流动与扩散的过程，换句话说也就是一个知识的分享过程。因为，知识的分享就是"指知识由知识的拥有者到知识接受者的跨时空扩散过程"②。而知识的传播总是与知识的教育是联系在一起的，或者说，知识的传播总是依靠知识的教育行为来实现的。知识的传播与教育一般来说有以下几个基本途径：一是通过专门的教育部门如学校、培训机构等教育活动来进行；二是通过在具体的人际交往的"传帮带"的实践操作活动中进行；三是通过新闻媒体的介绍活动来进行。知识的传播与教育同样存在着思维创新的问题。与知识的理论思维和知识的技术思维等思维形态不同，一般来说，知识的传播教育思维具有自身活动的特性：

（1）思维的互动性。从本质上来说，教育实践并不是一个由教育者独断进行的单向运动，而是一个由教育者与接受者共同参与理解和消化知识信息的互动过程。在知识的传播与教育过程中，教育者与接受者构成了二者互为主体而进行知识信息的交流与碰撞的思维层面的运动。因此，在知识的传播与教育的思维活动中，知识的传授者不能孤立地单纯地从自身的知识本体出发，而应该结合对象的知识背景、思维能力及其个性特征等情况进行因材施教的活动，才能增强知识传播与教育思维

---

① 维娜·艾莉：《知识的进化》，珠海出版社 1998 年版，第 89 页。

② 林慧岳，李林芳：《论知识分享》，载《自然辩证法研究》，2002 年第 8 期。

活效应的针对性、流畅性和有效性。正如有的学者所提出的，"新知识要被接受，也必须受众有一定的知识背景，否则将会由于知识梯度过大而使新知识难以为其他人所理解"①。这种接受对象的自身状况对传授者的知识传播与教育活动的思维制约性，就表明了知识的传播教育思维活动是一个传授者与接受者相互作用、相互制约和相互促进的思维互动过程。

（2）思维的扩散性。这是由知识传播教育活动之本质所决定的运动特性。知识的传播与教育直接表现为知识的扩散过程。这一过程从思维活动层面来看也就是一个思维信息在传播者与接受者相互作用的过程中不断扩散的运动。当然，这一思维扩散的过程是一个不断由点到面、纵横交错的演化运动。

（3）思维的兴奋聚焦点闪现性。这是由知识的传播教育活动的新闻性之特点所决定的运动特性。如上所述，新闻媒体中介的传播是知识传播教育活动的基本途径之一。而新闻媒介活动的本质特性在于信息的新闻性。这种信息的新闻性从某种意义上就表现为新的知识成为人们所关注的兴奋聚焦点。知识的传播与教育运动从某种意义上来说，就是通过知识在新闻媒介的职能活动中成为新闻兴奋聚焦点而实现自身不断扩散的。这种通过形成新闻兴奋聚焦点而不断得以扩散的过程，从其思维活动层面上也就体现为思维的兴奋聚焦点不断闪现而扩散的运动过程。知识的传播教育思维在整个知识创新思维系统运动发展过程中具有重要的功能地位：一方面，它通过自身的传播与教育的功能运动实现了前阶段知识存在形态的转化及其价值意义。知识的本质在于流动。只有在扩散、转化与流动中，知识才能实现自身的价值意义、才能实现整体知识体系的增殖与创新发展。另一方面，它通过自身的功能运动又成为推动着整个知识创新思维系统向后阶段即知识的广泛运用阶段转化发展的重要动力与基础，没有知识的传播与教育，就不可能有知识信息在广泛层面上的运用，也就不可能最终实现知识创新思维系统的目的价值。值得

---

① 　林慧岳，李林芳：《论知识分享》，载《自然辩证法研究》，2002 年第 8 期。

指出的是，知识信息的传播与教育并不是一个信息量在单一层面上的简单重复，而是一个在不同层次上不断重构而变异增殖的过程，因而也是一个不断创新的过程。因此，在知识的传播教育思维过程中也必然存在着不同层面与不同环节上的思维创新。关于这一点，我们还将在不同地方加以论述。

4. 应用创新思维

这是特定的知识创新思维系统纵向发展的最终阶段，也是其知识创新思维系统之目的的实现阶段。任何知识的目的在于其应用。或者说，知识为了社会实践的应用而产生的。也只有具有应用的价值，知识才具有存在的意义。从这种意义上来说，社会实践的应用价值成为了判定知识自身价值的重要标准。作为具有社会实践应用价值的知识信息来说，它必然会要转化人类的应用实践活动。这既是知识运动的必然目的与归宿，也是知识运动的本质特点。当然，知识的社会实践的应用无疑是一个极其复杂的社会活动过程。而这种知识的社会实践应用活动过程，从其思维运动层面来看，无疑就体现为知识的应用创新思维过程。与知识的理论创新思维、技术创新思维和传播教育创新等思维形态或阶段不同，知识的应用创新思维形态或阶段也具有自身运动的特性：

（1）思维的能动选择性。相对于人们的具体应用活动而言，通过传播与教育途径所获得的知识，无论是理论知识还是技术知识都具有一定程度的原则性或抽象性，同时也具有多样性。即是说，人们通过传播与教育途径所得到的知识是抽象的和丰富的，并不可能同时简单地直接应用于人们的社会具体实践活动，而总要经过选择和判定才能真正转化人们的社会具体实践活动。或者说，人们在对待和运用知识信息时，总是要结合具体的社会实践活动性质与要求，对自己所拥有的知识信息进行思维的选择、判定和推敲，以运用最佳合理的知识信息，从而提高应用实践活动的效果。

（2）思维的具体综合性。人们应用知识信息的过程绝不是一个简单的行为活动，而是一个极其复杂的过程。因为，它综合了人类实践行为活动过程中的各种因素。这从其思维活动层面来看，就体现为人们应用思维活动的高度综合性。这主要表现在人们对自身主体知识层面的思维综合和对自身实践活动各种因素的思维综合这两个层面。就人们在运用知识信息以解决某一个具体的社会实践问题来说，不是要运用到某一种知识信息，还是往往要运用到多种相关的知识信息，特别是在现代社会实践条件下，这种多种知识信息的复合性运用之趋势越来越明显。就其社会实践活动因素的思维综合来说，不仅要综合实践活动对其技术的要求，还要综合其应用实践活动的经济的、政治的和文化的等各种要求及其影响后果。

（3）思维的具体实践性。如果说，知识的理论思维、技术思维和传播教育思维，相对而言具有一定程度的理论性与抽象性的话，那么，知识的应用思维就更具有具体的实践性特征。这是因为，知识的应用思维总是结合具体的实践活动形式求进行的。知识的应用过程实际上就是一个以特定的中介将理论性知识与具体的实践对象、实践的工具等客观物质活动因素相结合的过程。因此，知识的应用创新思维活动，不仅其内容包含着理论的知识信息因素和实践活动的各种具体的客观因素，而且还具有较强的实践活动指向性及其实践功能特征，是一种实践性思维活动。

（4）思维的验证性。众所周知，理论运用于实践的过程，同时也是实践检验理论的过程。知识在其社会实践的应用过程，必然是一个经受社会实践验证的过程。这一过程从其思维活动意义上来说，就是主体在其思维活动层面上不断依据其实践效应对其知识信息进行逻辑的验证、补充和完善的过程。这就是说，主体对知识信息的应用决不是一个消极简单的过程，而总是会依据其实践应用的效果对其所运用的知识进行检验与分析，从而丰富和发展知识系统。这也是知识应用创新发展的重要特征。这反映到其主体的思维活动层面就是一个思维的验证、补充与完美，从而丰富知识系统的逻辑创新发展过程。知识的应用创新思维在整个知识创新思维系统发展中具有重要的功能地位：一方面，它以自身的思维存在形态实现了整个特定的知识创新思维系统的最终目的与价值，完成了特定的知识创新思维系统的社会使命。没有这个思维创新形态或阶段，真正的知识创新思维系统还不能说得以最终形成。另一方面，它又以自身的功能运动及其成果成为了新的特定的知识创新思维系统形成发展的新的起点，进一步推动整个知识创新思维社会系统的向前发展。

三、创新思维整合多维结构

在上面，我们分别探讨了知识创新思维社会整合的纵横两种向度。实际上，在知识创新的社会思维实际运动过程中，其整合的纵横两种向度并不是决然分离的和孤立的，相反而总是相互交织在一起的，从而形成了立体整合的多维网络结构。在这种立体网络整合运动过程中，彼此又存在着相互作用与相互制约的多维互动关系。对此，我们可以从以下几个方面进行具体分析。

就其横向整合运动过程来说，如前所述，知识创新的个体思维与群体思维是一个彼此相互作用、相互制约和相互影响的双向互动的关系。

就其纵向整合运动过程来看，知识创新从其理论思维依次向技术思维、传播教育思维和社会应用思维的过渡与转化也并不只是一个线型的单向运动，而是一个彼此之间相互作用、相互影响和相互制约的双向过程。具体来说，在知识创新思维运动过程中，理论研究成果及其思维活动在向技术实践领域及其思维形态转化过程中，它不仅规定着和制约着技术实践活动及其思维形态的运动，同时它也受制于技术实践及其思维方式的作用与影响。只有在这种理论成果及其思维活动与技术实践及其思维活动彼此相互作用、相互制约和相互影响的双向互动过程中，理论成果及其思维形态才能顺利地实现向技术实践及其思维形态的转化；同时，技术实践及其思维方式才能顺利接受理论成果及其思维方式的内在规定。就其理论成果及其思维形态和技术创新成果及其思维形态向传播教育实践及其思维方式转化过程来看，同样存在着彼此相互作用与相互制约的双向互动关系。其理论成果及其思维方式和技术成果及其思维方式不仅仅以自身内容的特殊性质规定着和制约着其传播教育实践活动的具体内容、具体形式及其思维方式，同时它们也必然受制于传播教育实践活动环境、具体形式及其思维方式的作用与影响。这突出地表现在理论成果和技术成果进行不同国度之间跨文化的传播教育活动过程之中。例如，西方文明的理论成果和技术成果在被引入东方国家的文化系统的传播教育过程中，它必然会受制于东方文化系统的作用与影响而发生传播教育实践行为的本土化。因此，理论成果与技术成果及其思维形态在向传播教育实践及其思维活动转化过程中，是必然存在着彼此相互作用、相互制约和相互影响的双向运动关系的。经过传播教育而获得的理论知识和技术知识在向应用实践转化过程中，它们不仅以自身的内容的特殊性内在地规定着和制约着其具体的应用实践内容及其方式，但同时也必然受制于其具体应用实践的条件、工具手段和环境等客体诸因素的作用与影响。直言之，在知识创新思维诸环节纵向整合的过程中，彼此之间必然存在着相互作用、相互制约和相互影响的双向运动关系。

就其横向整合与纵向整合而言，它们也不是相互分离的状态，而总是处在彼此相互作用、相互制约和相互影响的多维交织运动状态。一方面，横向整合包含着纵向整合，即在知识创新思维的个体思维与群体思维的相互整合的横向运动中也包含着其思维创新由理论形态依次向技术形态和传播教育形态及其社会应用形态的纵向整合运动。这也就是说，在个体创新思维与群体创新思维相互作用的复杂运动过程中，不可能存在知识创新某一种形态固定化或非运动的静态化情形。相反，它必然会伴随着个体与群体相互作用的运动而发生其知识的自身存在形态由理论思维向技术思维、传播教育思维和社会应用思维的依次转化与过渡。否则，其知识创新的思维运动也就失去了其本来意义。因为，知识创新的思维运动其本身就是以知识存在形态及其思维形态的转化、过渡与扩散为其本质内容的，其个体与群体的相互作用不过是这种思维运动的特定方式或向度而已。因此，知识创新的个体思维与群体思维的相互整合的横向运动内在地包含着其纵向整合的运动内容。另一方面，纵向整合也包含着横向整合，即在知识创新的社会思维由理论形态向技术形态和传播教育形态及其社会应用形态的纵向整合运动中也内在地包含着其个体思维与群体思维的相互整合。知识创新思维的诸形态相互整合并不是一种空洞的抽象运动，而必然是依赖于特定主体的行为，或者说，知识创新的思维诸形态的纵向整合运动总是要凭借于特定的个体主体和群体主体、并在这种个体与群体的相互作用的运动中来进行的或实现的。离开了个体与群体的主体活动，知识创新的诸思维形态的纵向整合也是无法实现的。因为，不同的思维存在形态总是以个体主体或群体主体为其现实的生命主体和载体形式。因此，知识创新的思维纵向整合必然存在于其个体主体与群体主体相互作用的横向整合运动过程之中。

此外，在这种纵横交错的立体网络整合运动中还包含着制度创新思维、管理创新思维等其他意义形态的相互作用与相互影响。知识创新作为一种社会化的系统运动，总是离不开特定的社会制度及其管理行为的作用与影响。处在这种知识创新的社会管理过程中的主体，也必然会形成特定的制度思维和管理思维的方式。因此，从知识创新思维的社会整体运动全过程来看，它也内在地包含着知识创新的制度思维及其管理思维等其他意义的存在形态。由此也不难理解，在知识创新的社会思维整合的复杂运动过程中，也必然内在地包含着制度思维及其管理思维等思维形态与其他思维形态的相互整合。

上述内容充分表明，知识创新思维的社会整合不仅是一个思维个体与思维群体不断相互整合的过程；同时也是一个不断由理论逻辑思维与技术思维、传播教育思维和社会应用思维等思维形态相互整合的多维运动过程；而且还交织着这些思维形态与制度思维及其管理思维等其他思维形态相互整合的多维运动过程。因此，知识创新思维的社会整合过程无疑是一个存在着多种向度及其多种形态的复杂运动，或者说，是一种立体网络式的多维整合运动状态。这种多维立体网络本质上内在地体现了知识创新思维是一个非线型运动过程。这种非线型运动机制使得知识创新思维是一个充满活力与生机的开放性多维立体网络系统。

第二节　知识创新思维的社会整合机制

现代系统论认为，不同的事物要素构成不同的系统；而不同事物的系统必然有着自身运动的特殊机制。整合作为事物运动的一种方式，必然存在着自身运动的机制。所谓事物运动的机制，可以说是形成事物特定运动方式的内在条件或根据，同时它也必然体现于自己的运动过程之中。不同的事物因为处在不同事物的具体关系状态之中，会必然形成自身特定的运动机制及其运动方式。知识创新作为一种社会化活动系统，其思维创新的整合运动也必然会存在着和体现着自身运动的特殊机制。具体说来，它主要有以下整合运动机制。

一、无序与有序相统一

知识创新的思维运动作为一种社会化的系统活动过程，如前所述，内在地包含着多维运动向度的复杂的系统过程。这实际上又表明了它本质上是一个多思路、多层面和多角度的非线型的开放性发展系统，或者说，是一个存在着无序性运动趋向的活动过程，是一个展示为多种思维主体及其多种思维活动因素相互碰撞、相互作用而变化发展的社会思维"风暴"型的开放性过程。正是这种思维的无序性运动赋予了它的创新发展的内在活力与生机。然后，作为具有创新价值的思维活动来说，只具有运动的无序性是远不能形成最终合理成果的。因为，创新的思维成果必须最终具有逻辑的规范性和形式的成熟完备性。而这必须依据逻辑有序的思维运动才能内在生成。因此，知识创新的思维运动是一个逻辑与非逻辑、有序与无序辩证地内在统一或整合的活动过程。只单纯地看到知识创新思维运动的逻辑性或只看到其非逻辑性，都是对知识创新思维运动本质的片面理解。值得指出的是，当前理论界存在着把思维创新的运动本质单纯地归结为其非逻辑的无序运动的研究倾向，这是一种误解。实际上，从知识创新思维的整体运动过程来说，其思维运动的逻辑性与非逻辑性、无序与有序是内在统一、相互整合的。

　　一方面，在知识创新思维的社会整合运动过程中，必然存在着非逻辑的无序运动。这是因为，如前所述，知识创新的社会思维整合运动是一个由多种不同的思维主体、多种不同的思维活动要素及其多种不同的思维形态等，在不同的层面、不同的角度并以不同的思维方式进行相互碰撞、相互作用和相互融合的运动过程。这必然会是使其知识创新思维的社会整合过程首先呈现为一种多元的开放性无序运动。正是这种多元的开放性思维无序运动才能不断突破旧的思维空间或层面及其旧的思维方式的种种限制、从而不断生成和推进思维整合运动向新的思维空间与层面的转化发展；才能不断地在这种多元主体及其要素的相互碰撞中进行思维的重组或重构。不言而喻，这种思维的非逻辑性的无序运动对于知识创新思维的整合过程具有特殊重要的意义。如果没有这种思维多元的无序运动，就意味着思维无法突破旧的思维框架的束缚，也就意味着知识创新思维系统失去了创新的活力与生机而成为封闭僵化的体系。

　　另一方面，知识创新思维的社会整合也必然内在地存在着逻辑的有序运动。这是因为，知识创新思维从本质上来说，是一个有其特定目标的自觉过程。它总是围绕着特定的创新目标而进行思维运动的，是一种具有明确的目标导向的价值创造过程。这种思维创新的特定目标就内在地成为了其统摄、聚集、牵引和集中诸思维主体及其不同思维形态转型运动的方向力量，从而内在地赋予了知识创新思维整合运动的秩序性、统一性和规范性，即内在地赋予了知识创新思维的逻辑有序的运动特性。不仅如此，任何知识创新本质上并不是一个完全脱离知识系统而凭空臆造的孤立过程，而总是一个以原知识系统为基础而不断突破其限制而建构发展的过程。这也就是说，知识创新既表明了对原知识系统的超越与否定，又是对原知识系统的合理成分的继承与肯定。因此，创新是一种联系与否定相统一的环节。这就意味着知识创新思维的活动存在着与原知识系统的内在联系。这表现在知识创新思维整合运动过程中，不同的思维主体、不同的思维信息及其不同的思维形态在相互碰撞、相互作用的过程中又因为存在着彼此之间的相似性或相同性的联系，而发生相互贯通、相互联结、依次过渡和相互融和的运动，从而使诸思维主体及其思维形态在新的基础上进行思维的建构。这种诸思维主体及其思维形态之间彼此贯通、彼此联结、依次过渡和彼此融合，体现了知识创新思维的逻辑性有序运动。这也是思维之所以得以现实整合的内在本质或机制。如果没有这种逻辑的有序运动，知识创新思维的整合不会得以真正形成，诸思维知识信息也不会因彼此贯通和融合而建构成具有新知意义的思维成果。直言之，知识创新思维的整合过程必然内在地存在着逻辑的有序性运动。不难理解，如果没有这种逻辑的有序运动，知识创新的思维活动就会陷入无聊的空想或胡思乱想。

在知识创新思维整合过程中，其无序的运动与有序的运动是相互内在统一的。即是说无序中有有序一面，无序必然导致有序；有序中也有无序的一面，并会形成新的无序。具体来说，在知识创新思维多元主体及其不同思维形态的相互碰撞与相互冲突的总体无序运动中，必然会存在着微观意义上的内在的相互贯通与相互融合的运动，从而使多种不同的思维知识信息进行创新建构，即无序中有序，或者说"无序为有序之源"；而这种各种不同的思维知识信息的有序建构运动之进一步发展又必然会打破原有的思维结构的限制、突破旧的思维空间的束缚，并形成在新的基础上的多维向度的思维运动，即有序中会有无序，或者说有序会形成新的层面上的无序运动。这就表明，知识创新思维的社会整合作为一个复杂的过程，是一个内在地包含着逻辑的有序与非逻辑的无序运动相互统一的机制过程。或者说，整合本身就是一个无序与有序相内在统一的过程。

二、破与立相统一

首先，知识创新的社会思维整合运动是作为破除传统常规思维活动而出现的。因此，它必然体现为对传统常现思维活动模式的突破、否定与超越。没有对传统常规思维活动模式束缚破除与否定，就意味着知识的整个思维活动还局限于传统的思维活动模式之中，因而也就无法打开思维空间、拓展思维视域，就无法进行知识创新的思维活动。因此，思维的突破是进行知识创新思维整合活动的重要前提。只有实现了思维突破，就意味着主体已进入了新的思维活动层面，意味着已转换了思维的新视角，从而就容易发现事物新的本质层面，以获得思维新发现。因此，知识创新的社会思维系统整合运动必然首先体现对传统思维活动模式的"破"。

其次，知识创新的思维知识成果又是在主体新的思维层面上而确立起来的。或者说，它是主体在新的思维层面上对事物客观本质进行新的思维概括和阐述。思维创新活动的"新"应该说重在"新"字。这种"新"主要体现主体思考问题有新的思维活动层面、新的活动空间和新的思维视角，是一种新的思维活动形态或形式。没有这些"新"的确立，也就意味着主体的思维创新活动仍然没有突破传统的旧思维活动模式的束缚，仍然局限于旧的思维活动空间进行思考。因此，主体的创新思维活动以立"新"为其思想本质，无新则无意义。而知识的"新"总是在新的思维层面、新的思维空间中通过组合不同思维知识要素而确立起来的。没有思维创新活动在新基础上的"立"，也就不可能形成新的思维知识成果。因此，知识创新的社会思维系统整合运动必须体现着思维创新运动的"立"。

思维创新的破与立是内在统一的。一方面，思维的破是其思维立的重要前提。没有思维主体对传统思维活动模式的突破与超越，就意味着主体还局限于传统保守思维空间，就不可能有思维视角的转换，就不可能有新的思维活动空间的确立，因而也不可能有新的思维发现，也就不可能有新的思维知识成果。由此可见，思维创新的"破"是其思维新"立"的重要前提与基础，不破不立。另一方面，思维创新的"立"是其思维创新"破"的必然结果。思维创新的破意味着主体突破与超越了传统保守思维模式或空间封闭的限制，转换了思维视角，找到了新的思维视角，拓展了新的思维活动空间，因而必然会使主体在新的思维活动空间进行新的思维活动，必然就会有新的思维发现。由此可见，思维创新的"立"是其思维创新"破"的必然结果，思维创新的"立"是建立在其思维创新"破"的基础之上的，有其破必然有其立。不破不立或只破不立都不能称之为思维创新。总而言之，知识创新的社会系统思维整合运动是其思维"破"与"立"的内在统一。

三、多元选择运动

著名的数学家彭加勒曾说过，"发明就是鉴别、就是选择"。知识创新思维作为一个复杂的社会化活动的开放性整合过程，如前所述，参与其活动的主体、要素及其思维形态无疑是多方面的，或者说是一个多元化主体及其思维要素和思维形态的相互作用的过程。这种多元化体现了知识创新思维活动内在层面和诸因素的复杂多样性或差异性，而这正是形成其创新发展活力与契机的内在根据。知识创新思维从本质上来说，又是一个有目的、有一定预期目标的自觉活动。这种思维自觉活动又必然表现为它的活动过程的自觉选择性。这就是说，知识创新的思维活动总表现为思维主体按照思维确定的目标及其规范原则对诸思维信息进行有意识的自觉选择的整合运动。

知识创新思维的整合运动之所以在其诸思维因素之间能形成选择运动机制，一方面是由于主体思维创新活动的自觉目的与目标指向所致，另一方面也根源于其诸思维信息结构之间存在着内在的相似性或同构性。就前者来说，知识创新思维作为一种自觉活动，其明确的思维创新目标或目的意识，实际上成为其选择与比较运动的内在根据或导向机制，并贯穿于整个知识创新思维整合运动过程之始终，从而驱使知识创新思维整合过程保持其选择运动的功能趋向。就后者来说，如前所述，知识创新思维活动系统中的诸思维主体及其思维要素和思维形态，虽然会必然存在着彼此不同的差别性，但它们本质上作为对客体世界不同方面或不同层面的思维反映，彼此之间又必然会存在着相似性或同构性。这是因为，客观世界本身是一个由其不同方面或层面相互联系而形成的整体。因此，对其思维把握的不同的思维信息之间也必然是存在着相互联系的性质，或者说，思维诸信息之间的相似性或同构性本质上是由客观世界的相似性或同构性所内在规定。由此就不理解，在知识创新思维的社会整合运动过程中，不同的思维主体及其思维要素和思维形态在彼此相互作用、相互碰撞过程中，因为其相似性或同构性的存在，就必然会形成主体的能动地选择与比较的功能运动，即思维主体总是会首先选择具有相似性或同构性的思维信息，以重组为具有新知意义的思维信息成果。这种通过相似性或同构性联系而发生的思维信息选择运动，是知识创新思维社会整合过程的必然特征。

当然，这种思维选择在其开放性的复杂活动过程中决不会局限于某一个固定的方向或层面，相反，而总是表现为多维向度的情形。因为，其多元化的思维主体及其要素和思维形态的内在构成，就为其知识创新思维的自觉选择运动提供了多维向度的可能与内在根据。正是在这种多维向度的选择运动中，知识的思维创新才始终充满活力与生机；思维主体才能在相互作用过程中得以比较、取长补短、从而选择具有新知意义的思维信息以重组成最佳的思维新成果。

四、解构与建构相统一

知识创新的社会系统整合运动作为本质上体现创新意义的社会化活动过程，必然也是一种既对传统思维模式的超越与否定、同时也是建立新的思维范式的过程。或者说。知识创新的社会系统整合运动必然也存在着解构与建构这两种运动机制。

首先，知识创新的思维系统化整合运动是一种对传统思维活动模式或结构的解构过程。思维创新作为一种具有新知意义的思维活动，就在于它打破了传统思维活动旧模式或结构的束缚与限制，是一种对传统思维活动结构的颠覆，展示为思维活动的超越与否定。因而，这也是体现了对传统思维活动结构的突破与解构。熊彼特认为，创新是一种创造性的破坏，意在强调创新对传统结构的解构性。思维创新活动无疑也是一种对传统思维活动的解构过程。知识创新的运动本质首先在于对传统知识体系的突破与超越，这从思维层面来说就体现在对传统的思维模式或观念的束缚的突破与颠覆。没有对传统思维模式的突破与颠覆，就不可能形成新的思维视角和新的思维空间，也就不可能产生新的思维知识成果。因此，知识创新的社会系统思维整合运动必然首先是一种对传统思维模式的解构运动。

其次，知识创新的社会思维整合运动是一种在新的基础上进行的思维建构过程。思维创新活动重在“新”字。这就是说，思维创新活动是以其新的意义来体现其思维本质的。思维创新活动之所以为“新”，就在于它是以新的思维视角、新的思维活动空间、新的思维活动成果来体现其“新”的思维本质。或者说是在新的思维活动空间对思维内容诸要素进行重组、进行新的配置，从而形成新的思维知识成果。如果知识创新的社会系统思维整合运动没有新的思维范式及其思维成果的出现，那么，这种创新思维活动是没有任何价值与意义的。知识创新之所能“新”，就在于这种知识思维运动形成了新的思维路径、新的思维范式及其新的思维成果。只有这样才能真正体现知识体系的不断更新而发展。实际上也是如此，在知识创新的社会系统整合运动过程中，由于其各种思维要素及其思维能力的相互碰撞、相互影响和相互作用，必然就形成了其相互补充、相互贯通和相互建构的思维运动，从而在新的思维运动基础上形成新的思维知识成果。因此，知识创新的社会思维系统整合必然存在着思维建构的运动。

　　知识创新的社会思维系统整合运动中的建构与解构是内在统一的。一方面，思维解构是思维建构的重要前提与基础。因为，思维创新活动作为一种在新的思维空间进行重组的过程必须以打破旧的思维活动结构及其空间的束缚与限制。没有对传统旧思维活动的突破与颠覆，就不可能有新的思维活动空间与结构的形成，因而就不可能有新的思维知识成果的产生。因此，思维创新的建构必然以思维解构为重要基础与前提。另一方面，思维建构是思维解构的必然结果。因为，思维活动的解构意味着主体以新的思维活动视角或新的思维活动方式对传统旧的思维活动模式或空间进行了超越、否定与突破，因而必然会形成新的思维活动空间和结构，并在这种新的思维活动空间里进行诸要素的重组与配置，以形成新知意义的思维成果。这就是说，知识创新的社会思维解构必然会导致其思维建构活动。

第八章

知识创新思维系统的演化发展

现代系统论认为，任何事物系统本质上并不是封闭的和静止不变的，总而是在特定的系统环境中变化发展的，有着自身演化发展的过程。知识创新社会思维活动内容无论如何丰富复杂，它总是要采取一定的社会表现形态来展示自己演化发展的历史纵向过程。这种社会思维形态的历史纵向发展过程与其内在结构的内容发展是一致的。从社会思维形态来看，人类知识创新思维的社会系统活动的演化发展都经历了潜思维期活动、趋显思维活动期和显思维活动期这三个纵向发展的基本阶段。

第一节 知识创新的潜思维

潜思维范畴是笔者于上世纪 90 年代进行思维学研究时所提出的一个新概念①。探讨知识创新思维的社会历史发展过程同样需要借助这个概念进行分析。因此，有必要首先对这个概念的含义、特征等做出规定与说明。

一、潜思维范畴内涵

所谓知识创新社会思维的潜思维活动阶段，是特指知识创新社会思

---

① 参见刘卫平：《创造性思维结构论》，中国国际出版社 1997 年版。

维系统活动过程的孕育形成阶段，或者说，是对特定的知识创新社会思维系统活动历史过程的初始潜在阶段的规定。同任何事物的发展首先是以自身萌芽状态的潜在期为自身存在第一阶段一样，特定的知识创新社会思维系统活动的历史发展过程也必然以其潜思维阶段为自身发展的第一阶段。

　　任何知识创新的社会思维系统活动的历史发展过程总是从个体思维的创造活动开始的。换句话讲，特定的个体或极少数群体的知识创新思维就成为其宏观知识创新的社会思维系统活动历史过程的起点或潜在阶段。因为，从整个社会思维系统宏观层面来看，知识创新的个体思维活动只是一种局部的微观存在。它如沧海一粟，默默无闻，其活动性质及其变化状态具有社会的个体性、隐蔽性和非显著性。因此，知识创新社会思维系统活动的潜思维范畴，本质上就是对微观个体或少数群体知识创新思维活动的社会表征状态之规定，是对其思维创新活动作为社会外观状态特征的思维描述。值得说明的是，潜思维这一概念既是对个体知识创新思维活动发展过程第一阶段的表征，也是对知识创新社会系统历史活动发展过程第一分阶段的表征，或者说是对人类科学发现理论体系社会进化史第一阶段的思维规定。因为，科学发现理论体系的社会进化活动又总是以个体的科学发现具体思维活动为基础而进行的，或者说，它本身已内在地包含着个体潜思维活动层面。因此，从社会学意义上来讲，社会思维系统活动发展的潜思维比个体的潜思维更具有特殊的意义。

　　就知识创新的社会思维系统潜思维阶段的具体活动内涵来说，它包含着以下具体环节：

　　1. 知识创新的构思准备阶段

　　它以创新思维问题的提出和思维创新目标的确立为其主要标志。这是一个以大量搜集和分析知识材料、进行艰苦思索，以便发现新问题、确立思维创新目标为活动内容的过程。任何具体的知识创新思维活动，首先是以发现思维新问题、确立思维创新目标的活动作为开始的。因此，发现新的思维问题、确立思维创新目标，就成为知识创新社会思维活动"潜思维"阶段的第一个环节之活动的重要标志。思维问题的发现，其本身在知识创新思维活动中具有特殊的意义。因为，整个科学发现的思维创新性及其价值性在很大程度上取决于科学问题本身的意义。这就是说，有的问题所蕴含的信息量增殖性大些，属于重大性问题，它的解决有可能会导致科学范式及其思维方式的革命。有的则相反，其知识创新的价值意义会相对小一些。思维问题的发现会为思维创新目标的确立奠定了直接基础。值得说明的是，有的学者把思维问题与思维目标等同起来，或者说把思维问题的发现简单地视为思维目标，严格说来，这是不对的。因为，前者只是后者形成的基础或前提或主要内容，后者则包括了前者并具有其他方面的内容，是更为丰富的概念。思维目标本质上是依据主体的目的与要求和现实条件对思维问题进行分析和设计，以达到某种思维理想要求的整体规定，其内容不仅包括了思维问题，而且还包括了其他思维操作程序及其思维预定成果等内容。因此，也不难理解，发现思维新问题，确立思维创新目标，在一定程度上就内在地规定了整个知识创新思维系统活动发展的基本方向或轨迹。

2. 酝酿思索的创造阶段

它以形成特定的知识创新思维成果雏形为主要活动内容。这是知识创新思维系统活动以展过程中的重要阶段。它属于主体进行知识创新思维活动的实际过程。在这个阶段中，个体主体或极少数群体主体发挥各种思维能力对思维问题进行多层次、多方面、多角度地分析探讨。它不仅涉及显意识领域，而且涉及潜意识领域；它不仅运用抽象逻辑思维活动形式，而且会运用形象思维，灵感自觉思维等活动形式；不仅有思维的分析，而且有思维的综合；这是一个各种思维知识信息自由碰撞组合的"头脑风暴"式思维的创造过程，它经过思维有序性的整合，最后逐渐形成一个带有新知意义的思维成果雏形。

3. 思维验证完善化阶段

它以思维创新成果雏形得以补充和完善为主要活动内容。一般来讲，创造出来的思维知识成果雏形都会具有粗简性和不完善性，是一种科学的猜测或假说，需要经过逻辑的证明和完善的过程，才能成为成熟的科学的并具有普遍指导意义的知识成果。这个思维验证过程是在两个层面上进行的：一是在理论思维空间，运用理论逻辑系统进行检验。通过这一层面的理论逻辑证明，基本上可以获得这一思维创新成果奖的可靠性。二是在科学实验或实践层面上进行验证。因为理论上的验证还不是最终的证明，还必须回到特定的科学实验或实践活动中加以确证。这两种意义上的检验与证明是可以互相补充、结合在一起的，共同形成严格的完善的检验证明系统。

二、潜思维活动特征

现代系统论看来，任何事物系统的变化发展过程由于特定的系统环境及其内在构成要素的特殊性而总呈现出阶段性的活动特征。知识创新思维系统的潜思维活动阶段，一般说来会必然具有以下自身的思维运动特征。

1. 个体主体的思维探索性

科学知识的发现总有一个由小到大、由弱到强、由个别走向群体的社会历史过程。从思维主体意义上看，知识创新社会思维活动的潜思维阶段，首先就体现了思维主体的个体特征。因为，如前所述，知识创新的社会思维活动总是从个体思维创新活动开始的。正是那些伟大的科学家个体，如牛顿、爱因斯坦等凭自己聪明才智进行了艰苦的奋斗，为人类科学知识的发展做出了不可磨灭的个人贡献。潜思维活动作为知识创新社会思维活动的特定阶段，所涉及的往往是新的思维问题领域。因此，它又体现着人类思维活动由已知领域向未知领域进发的思维探索性。这种思维探索性具有特殊的规定性，即是"一种以并非确定的能行的组合性思维过程"[①]。这种探索性思维当然是以追求思维创新目标

[①]　徐本顺等：《科学研究中的探索性思维》，山东教育出版社 1992 年版，第 42 页。

已任的创造性思维。但这种思维过程本身又带有很大成分的不确定性和风险性。它并不是一帆风顺而是艰难复杂的。

2. 思维活动的局部性、分散性和艰难性

这是因为，知识创新社会思维潜思维阶段首先作为一种个体思维活动的存在，它总是处在特定而局部的社会思维活动环境中进行的。从性质上看，它代表了思维新发展的方向，属于新质意义的思维活动。但正因为这种新质意义的存在，它必然会与传统的社会思维系统相冲突而往往遭到排斥和压制，从而使自身思维活动处于艰难境地。此外，从所处的社会思维宏观层面来看，这种新质意义的潜思维活动暂时分散地局限于个体思维或极少数群体思维创造的活动中，处于总的量变过程中局部性的部分质变阶段。当然，正是这种部分质变的思维活动孕育着未来的总的思维质变，即思维方式的革命。

3. 思维活动的隐潜性及其成果的幼稚性

由于在潜思维活动阶段，知识创新的社会思维采取个体活动存在形式并处于局部活动范围，因此，这种思维活动的功能影响，从社会宏观层面来看必然是微小的、非显著性的。其知识创新的思维活动暂时处于社会思维活动底层的潜伏隐形状态，并没有上升为社会思维运动的显著性表层，就像大海中潜伏着的暗流一样。而且这种潜思维活动成果由于所处的思维空间的限制，对于个体思维活动来讲也许是成熟完善的，但从超出其个体的局部环境而将其置于广泛的社会思维空间来看，却又显示出自身的不成熟性和一定程度上的幼稚性，需要在社会思维大环境的活动中不断得以补充和完善，才能发展为具有时代意义的知识创新思维成果体系，从而使知识创新社会思维系统活动的历史发展进入到一个新的活动阶段。

第二节　知识创新的趋显思维

知识创新的社会思维系统活动经过了以个体思维活动为存在形式的

潜思维阶段发展后，便进入了趋显思维阶段。知识创新的社会思维系统活动在趋显思维阶段，进行着两个方面的思维运动：一是个体思维活动摆脱了潜思维形态，开始了走向群体、走向社会的系统思维社会化显性运动状态；二是知识创新的社会场相结构由原来的稳定态走向非稳定态的无序性嬗变生成的运动状态。这两个方面的思维运动又总是交织晨一起的。

一、趋显思维范畴内涵

趋显思维范畴也是笔者在上世纪 90 年代进行思维学研究时所提出来的新概念①。在这里，它同样适合知识创新的社会系统思维活动的研究。因此，同样需要对趋显思维范畴进行说明。

趋显思维活动范畴，是对知识创新的社会系统思维活动处于潜思维与显思维这两个阶段之间的中介地位及其社会思维特征的思维规定。它作为中介环节，显然是指出于由知识创新的社会思维由潜思维向显思维转化发展的过渡阶段，因而必然也会具有自身思维活动的特定内容及其思维的外观特征。

从趋显思维活动阶段的内容来看，不言而喻，知识创新的社会系统思维由潜思维活动阶段赶往趋显思维活动阶段，这实际上就意味着知识创新系统思维活动由相对狭窄的领域赶往到了一个更为广阔的社会思维活动空间。其思维创新系统活动无论在深度上还是广度上都进入了蓬勃发展的阶段。因此，知识创新思维系统活动在趋显思维阶段，其活动内容无疑是丰富多样的。就趋显思维阶段活动内容来看，主要有以下基本层次。

1. 个体思维活动之间、群体思维活动之间进行互补交流、共同创新的社会运动，出现了不同学派。潜思维活动成果进入趋显思维阶段就像一枚炸弹投放到社会思维场，掀起了社会思维场相的风暴与震荡。各

---

① 参见刘卫平：《创造性思维结构论》，中国国际出版社 1997 年版。

种思维创新主体由此便展开了相互作用的运动。在这个过程中，知识创新的思维由个体思维活动开始了向群体思维活动转化的社会化过程。即它通过一定的媒介工具和传播方式，将自身创新思维成果推向社会而进入社会系统思维场，并由此引起了各种思维创新主体的重新组合运动，出现了不同主体的思维活动之间——当然包括不同的个体思维活动之间和不同群体思维活动之间的——相互交流、相互补充的思维运动，并由此会形成不同观点的学派组织。不言而喻，这些不同的学派组织也必然会存在相互争论、相互融合的思维互补运动。这是一个各种思维主体相互作用、相互促进，共同创造社会知识成果的生机蓬勃的局面。这是趋显思维阶段思维活动内容的主要层面。这也使得潜思维阶段的个体思维活动的创造成果获得了补充、丰富和完善的社会系统思维活动环境。趋显思维阶段这种思维的互补交流运动是错综复杂的：既有纵向互补交流运动关系；又有横向互补交流运动关系；既有同一层次或不同层次的相同观点的交流互补；又有同一层次或不同层次相异观点的交流互补，等等。这种交流互补的思维运动表明了知识创新思维由个体思维活动及其成果逐步通过其互补交流的运动方式而向群体思维活动及其成果转化的社会化系统思维过程。

2. 创新思维与传统思维之间处于相互抗争、交锋的矛盾冲突状态。不同主体的思维交流互补运动，其思维运动的基本性质，从深层次来看，就是属于知识的创新思维活动与传统思维活动之间相互斗争、相互交锋与相互冲突的矛盾运动过程。趋显思维活动阶段是一个各种思维主体苏醒后而活跃的阶段。它们经过长期稳定态后由于潜思维阶段所形成的创新思维成果的介入及其效应的影响而受到震荡，从而唤醒了各种思维活动，卷起了一场思维知识信息大碰撞的风暴旋涡活动。在这种社会思维大风暴式的运动中，虽然其思维的因素是错综复杂、丰富多样的，但从思维知识的性质上来看，基本上可以分为以下两种：一种是属于创新思维活动范畴的诸思维活动；另一种是属于传统思维活动范畴的诸思维活动。显然，这是两种不同性质的思维运动潮流。一般来讲，前者是从知识创新的潜思维活动阶段发展而来的，代表思维创新发展的趋势和方向，因而是积极的、革命的和先进的；后者则属于原有的传统的社会思维范式的活动内容，相对而言是则消极的、保守的和落后的。因此，在趋显思维活动分阶段，这两种不同性质的思维潮流必然会进行相互斗争、相互交锋和相互冲突的运动。这是一个二者既相互对抗、相互排斥又相互依赖和相互补充的运动过程，也是一个知识创新的系统思维潮流逐步战胜和扬弃传统思维潮流而上升为社会思维场相中主流层面的过程。

3. 科学的伯乐认同或科学蒙难出现的社会评价活动。知识创新的社会系统思维由潜思维活动阶段进入趋显思维阶段，就其个体创新思维活动来讲，是一个走向群体、走向社会从而使自身得以推广、传播和完善的思维系统社会化过程；而从社会思维意义来讲，这又是一个社会思维系统对潜思维的个体或极少数群体的创新思维成果进行判定、审视和检验的过程。因此，趋显思维活动阶段也可以说是社会思维系统对个体或极少数群体的创新思维成果进行社会评价的活动过程。"科学理论的评价是一种复杂的综合性的历史活动，"① 这种复杂的社会评价活动，其内容是多方面的。"对科学理论进行评价的主体不是科学家个人而且是科学家团体——而是特定的团体即专业团体——共同体"，"然而共同体是有结构的，实际进行评价的是其中被称为权威的那个层次"，"科学权威最主要的作用就是科学评价，这是整个评价活动的中坚"②。所谓学术权威也就是指那些对科学事业有重大贡献，并具有重要的社会地位而能影响学术发展的著名科学家群体。学术权威的评价活动的权威性，本身也是绝对与相对的统一。这里讲的相对是指他们总具有一定历史局限性而并不是其所有的判定、评价都是绝对正确的。例如，牛顿主张光的粒子说，竟然使这一片面观点称雄于 18 世纪，使得惠更斯提出的光的波动说几乎完全窒息。由于学术权威评价的这种二重性，使得他们在评价活动中可能会产生以下两个方面的社会作用：

---

① 沈铭贤等编：《科学哲学导论》，上海教育出版社 1991 年版，第 166 页。
② 沈铭贤等编：《科学哲学导论》，上海教育出版社 1991 年版，第 166 页。

（1）是积极的作用。这就是说，这些学术权威能客观地肯定、认同和推广个体或极少数群体的知识创新思维活动及其成果、并推荐、选拔和重用这些创新人才，从而促进知识创新思维活动的进一步完善和发展。如巴罗不仅发现了年轻的牛顿这颗天才的科学新星，而且辞去了教授这一职务，让位给比自己年轻的牛顿，使他充分发挥自己的聪明才智。这种积极的社会作用属于"科学伯乐"行为现象。它无疑会积极地推动着知识创新思维由"潜"向"显"的转化过程。

（2）是漠视、否定甚至压抑和扼杀知识创新思维活动及其成果，造成科学发现史上的悲剧，即"科学蒙难"现象。所谓科学蒙难是指在科学发现活动的历史过程中由于种种原因，使某些知识创新思维成果得不到学术权威及时而公正的承认，并在传播和运用方面受到种种的限制和压制，甚至使知识创新者本人遭受到种种磨难的社会现象。众所周知，这种例子在人类科学发现史上是很多的。因此，"科学蒙难"一个值得重要研究的现象。从知识创新思维活动历史发展意义上来讲，这就是属于知识创新思维在趋显思维活动阶段的中断或消失，是其知识创新思维没有实现由"潜"向"显"转化的一种失败。造成"科学蒙难"的原因是多方面的。从客观上讲，知识创新思维成果本身的真理性和价值性，有一个逐渐展露、补充、完善和发展的过程。从主观上讲，学术权威的评价活动会受自身的认识水平及其阶级立场等条件的局限。正如列宁所讲的"如果数学上的定理一旦触犯了人们的利益（更确切地说，触犯了阶级斗争中的阶级利益），这些定理也会遭受强烈反对"[1]。由此可见，知识创新思维系统在趋显思维阶段被验证与评价的社会活动，是一个充满矛盾冲突的艰难复杂过程。

二、趋显思维活动特征

知识创新思维活动在趋显思维阶段的这种充满各种矛盾与冲突的活

---

① 《列宁全集》第20卷，第194页。

动内容，也必然会从其社会思维外观形态上反映出来，从而使自身的存在状态具有了相应的表现特征。这主要表现在以下几点：

1. 社会思维活动的无序性

在潜思维阶段，虽然个体的知识创新思维活动属于带有反传统思维之叛逆性质的部分质变活动或因素，但从其整个社会思维系统层面来看还是处在原有基础上的有序性的旧的思维平衡状态。而一旦进入趋显思维活动阶段后，由于个体创新思维活动的群体化搅动，便引起了整个社会思维活动系统的震荡，开始了一场社会思维活动的风暴；这样就必然会打乱了原有的社会思维结构模式；各种不同的思维观点和思想潮流由此卷入了相互争论碰撞、彼此交流互补的思维运动状态。于是，在整个知识创新的社会思维活动的宏观层面上，便出现了各种思维观点上下纵横、自由碰撞、交互融合、自由重组的非线性的无序变动状态。

2. 社会思维创新的活跃性

上述这种知识创新的社会思维活动的非线性无序运动状态，实际上也表明了其知识创新思维社会活动由此便进入了更为广阔的社会宏观领域阶段，从而充满了创新的生机与活力。这主要是从两种意义上讲的。一是这种知识创新的社会思维的无序性震荡活动，意味着打破了传统的社会思维模式的束缚，形成了各种思维知识信息自由组合的社会思维环境，从而有利于知识创新思维的进一步发展。二是这种思维知识信息自由组合的社会宽松环境，有利于个体的知识创新思维活动在其群体化过程中，不断与其他思维活动因素进行相互贯通、相互同化和互补，并根据更广阔的社会思维背景的变化而不断调整自身的知识创新思维活动结构，从而使自身的知识创新思维体系更为丰富和更加完善。

3. 知识创新思维活动的公开化、社会化的趋显性

在潜思维阶段，知识创新思维只限于个体思维的隐潜性活动状态。而一旦进入趋显思维阶段后，传统的社会思维场相结构便遭到了破坏而进入解体过程。各种思维知识信息在创新思维由个体走向群体化的过程中，受彼此的诱发和撞击而纷纷自觉或不自觉地参与了相互作用、相互

补充和相互融合的社会创新活动。因此，无数的个体思维的知识创新活动就形成了知识创新的社会思维整体的"合力"状态。显然，与潜思维活动阶段相比，知识创新思维系统活动在趋显思维阶段实际上已进入了公开化、社会化的发展阶段。

3. 思维质变基础上的量的扩张性

这也就是说，在趋显思维活动阶段，社会思维场相结构的变化状态，从质量互变运动规律意义上讲，它又体现了在思维活动质变基础上的量的扩张性而发展的特征。在潜思维活动阶段，知识创新思维活动只属于局部性的部分质变，社会思维总的量变仍处于保持原有性质不变的状态。而一旦进入趋显思维活动阶段后则不同了，整个社会思维系统结构发生了变化，即传统的旧的社会思维系统结构开始发生了解体，知识创新的思维活动由个体开始了群体化、社会化过程。在这一过程中，所有的思维活动主体及其具体的思维活动在这种社会思维大震荡中受了震撼与影响，发生了不同程度上的思维质变，并参与了整个知识创新的社会思维系统大组合的变化过程。因此，趋显思维阶段的发展过程，就是一种知识创新思维活动不断壮大发展的过程，或者说，就是一种知识创新思维系统活动在质变基础上量的扩张过程。

第三节　知识创新的显思维

现代系统论认为，任何事物系统的变化发展作为一种在特定的系统环境中进行的运动过程，必然有着自身特定的发展高级阶段。知识创新的社会思维活动系统经过趋显思维阶段的运动，便进入了它的第三个阶段即显思维活动阶段。这是知识创新社会思维系统活动发展的最高阶段，也是它的相对意义上的社会完成形态，并具有自身活动内容及其外部表现特征。

一、显思维范畴内涵

显思维范畴也是笔者在上世纪提出来的一个新概念①。这里讲的知识创新的显思维阶段中的"显"是相对于它的"潜"与"趋显"阶段来讲的。这三者当然会有联系，但作为确定性范畴，其意义则在于反映它们的差别性而作具体的规定。从前述内容不难看出，趋显思维阶段也具有了某些"显"的意义。但趋显阶段中的"显"与显阶段中的"显"，严格上来说是不同的、不可同日而语。这主要在于，趋显思维阶段中的"显"，是处于由旧的低层次向新的高级层次而转化过程中的"显"，是成长中的"显"、过渡中的"显"，带有思维过程的过渡性和不充分性。而显思维阶段中的"显"则是一种已经完成转化过渡后的显化状态，是充分化的"显"、成熟的"显"，是在更高基础上形成的整体性思维显化结构，具有自身"显化"的成熟性、充分性和高层次性，也具有自身活动内容及其外观表现的特征。

就知识创新显思维活动阶段的运动内容来看，知识创新思维活动在这里获得了一种社会完成形态和成熟阶段。值得说明的是，它作为完成形态并不意味着其创造性思维活动的终止。相反，这个阶段仍然充满了丰富的思维创造性。当然，这个阶段的知识创新思维活动与趋显阶段的知识创新思维活动还是有所不同的。趋显思维阶段的知识创新思维主要处于自由碰撞的"风暴"式无序性运动状态。而在显思维阶段，知识创新思维系统活动则主要处于有序性运动状态，是对前一阶段知识创新思维活动进行总结、整理、建构和整合的完善过程。显思维阶段的知识创新思维活动内容也是丰富多样的，主要有以下基本层次：

1. 知识创新思维的互补同化的建构性社会整合运动

建构作为思维活动的方式具有不同层次意义。换句话说，思维运动

---

① 参见刘卫平：《创造性思维结构论》，中国国际出版社 1997 年版。

的不同层次都存在着不同意义的建构。在趋显思维这样一个过渡的转化阶段，思维的建构主要处于自由碰撞的无序运动状态，体现为无数的个体性和无序性。而在显思维阶段，思维的建构则主要处于社会整体思维系统的有序性运动状态，属于一种社会化思维的有序性整合过程。这也就是说，经过了趋显思维活动阶段后，在显思维阶段，各种思维知识信息经过了质变后、便在新的层次上进行相互补充、相互同化、相互贯通和相互融合的有序性社会化整合运动，从而建构成具有新质意义的社会思维系统的新的有序性结构。

2. 社会思维方式的革命和新的社会思维范式的确立

在显思维活动阶段，由于各种思维活动处在一种充分化的创造性过程中，因此，在彼此之间相互补充、相互融合的活动中，必然会带来整体上的社会思维系统的根本性转换，即思维整体活动结构的质变，从而实现社会思维方式的革命，并形成其核心思维成果，即社会思维范式。我们在这里提出的社会思维方式革命的范畴，与科学发现历史过程中的"科学革命"范畴是两个密切相关的概念。科学史上存在着"科学革命"，这是众所周知的。那么，人类创新思维历史活动有没有"思维方式的革命"呢？前苏联的著名科学哲学家凯德洛夫说过，"所谓自然科学革命，应当首先理解为研究和说明自然现象的观点本身的根本性转折，用来认识（反映）所研究的对象的思维结构本身的转折。真正的自然科学革命的实质恰恰在于思维方式这种急剧的转折。"[1] 我国的一些科学哲学家也提出，"科学革命要求科学家的思维方式本身发生急剧转变，要求由以前占统治地位的、现在看来已变得不充分的或者甚至完全站不住脚的研究方法断然让位于新的符合于比较高级的科学认识阶段的思维方式。"[2] 从这些论述中，我们不难提出，科学革命的实质就是体现了它的思想内核即思维方式的革命。因此，人类思维活动历史的"社会思维方式的革命"这一概念，是完全可以确立的，应该引入思维

---

① 凯德洛夫：《列宁与科学革命》，陕西科学技术出版社1987年版，第18页。

② 沈铭贤、王淼洋主编：《科学哲学导论》，第186页。

学作为一个重要的新概念而加以深入研究。笔者认为，所谓社会思维方式的革命，也叫社会思维方式的变革，它是对人类创新性思维活动历史发展过程中社会思维整体结构模式的根本性转换、以形成新的思维范式的剧变过程的思维规定。社会思维范式就是指一个时代的社会思维规范模式。它具有时代性、民族性和思维功能制约性。思维方式的革命与思维范式是密切相关的。思维方式革命的实质就是对原有思维范式进行转换、并确立新的思维范式。因此，思维范式既是思维方式革命的对象，又是思维方式革命的内容和目标。知识创新的社会思维活动由趋显思维阶段进入显思维阶段后，其相互补充、相互融合的活动状态经过充分的社会化发展，就必然形成整体上的知识创新思维的全面活动、实现由传统社会思维范式向新的社会思维范式转变的社会思维方式革命。简言之，实现社会思维方式革命、确立新的思维范式，就构成了显思维活动阶段运动的重要内容，也是它作为相对意义上的完成形态的重要标志。

3. 新的社会思维范式的社会化功能运动

新的社会思维范式一旦确立，就必然形成自身的功能运动。显思维阶段的"显"，实际上就是一种对该活动阶段所有主体都按新的思维方式展开思维活动的社会化显性状态的表征。换句话讲，这个阶段的任何主体都普遍地遵循新的思维范式而进行知识创新的思维活动。而这种知识创新思维活动的显化状态又是凭借其新的思维范式的功能运动来进行的。众所周知，任何思维范式都具有特定的功能。在显思维阶段，新的社会思维范式一方面来源于新的社会思维场相众多个体思维创新活动的相互作用，是它们共同融合、高度集约而成的核心成果，彼此之间具有本质上的同构性与相容性。另一方面它又必然以自身思维的新规范来调控、统摄和指导社会思维场不同层次、不同主体的思维创新活动，赋予这些众多个体的知识创新社会思维运动以新的思维范式之特色。这种影响、制约和规范众多社会个体思维进行知识创新活动的过程，就是体现了新的社会思维范式自身功能化运动的过程。这正如马克思说的，"这是一种普照的光，一切其他色彩都隐没在其中，它使它们的特点变了样。"① 这种新的思维范式以自身的思维规范来制约与调控和指导社会众多主体进行知识创新思维活动的功能运动，并不是一种个别的偶然现象，而是一种普遍的必然的功能组织行为。因为，新的社会思维范式之功能是一种"普照之光"，它照亮了整个社会思维活动空间，从而使所有的不同主体按照新的范式而进行的知识创新思维的活动得以发扬光大。因此，这种思维范式的社会化功能运动就成为了显思维活动阶段的重要内容和独特景观。

二、显思维活动特征

显思维阶段不仅具有上述活动的特定内容，而且从其外观表现形态来看，也具有自身思维运动的社会特征。这主要体现在以下几点：

1. 知识创新思维活动自由碰撞的有序化状态

这是相对于趋显思维活动阶段的特征来讲的。如前所述，趋显思维阶段是处于思维活动自由碰撞的非线性无序状态。因此，思维活动的无序性就构成了趋显思维阶段的主要外观特征。而知识创新思维活动发展到显思维阶段，就由于无序运动状态进入了有序化运动状态。这是因为，在显思维阶段，实现了社会思维方式的革命，确立了新的社会思维范式，并借助这种新的思维范式的功能运动的调控、统摄和制约，便在新的活动层面上就会形成以这种新的社会思维范式为核心的各种新的思维活动相互补充、相互协同的有序化的社会思维场相运动。当然，这种显思维活动阶段的有序性运动状态的形成，是以趋显思维活动阶段的无序性运动状态为前提基础的，是趋显思维活动阶段无序运动发展的结果。正如我们在后面要提到的耗散结构理论所表明的那样，"无序是有序之源"。

2. 知识创新思维活动的充分显态性和自觉性

这就是说，相对于趋显思维活动阶段，显思维阶段是知识创新思维

---

① 《马克思恩格斯选集》第 3 卷，第 109 页。

活动发展的完成形态和高级的成熟阶段。因此，这个阶段的任何主体的知识创新思维活动都具有充分性、显著性和自觉性。如前所述，在趋显思维活动阶段，由于它是过渡性的发展阶段，因此，其知识创新思维活动虽然也具有某些"显"性特征，但却是过渡性的和不充分的，存在一定程度上的非自觉性。而在显思维阶段，不同主体的知识创新思维活动普遍地自觉遵循新的社会思维范式的调控、规范和指导作用，从而使其知识创新的社会思维活动便具有了充分性、显著性和自觉性，使知识创新的社会思维活动得到了更为明显的强化，成为了充分社会化的自觉的思维活动过程。

3. 知识创新思维社会活动的质变完成状态

这是从知识创新思维运动的质量互变关系意义上讲的。潜思维活动阶段是处于总的量变中的部分质变；趋显思维阶段则是处于社会质变过程中；而显思维活动阶段便是其思维质变的完成状态。这是因为，趋显思维活动是作为由"潜"到"显"的过渡中间状态来规定的。因此，趋显思维活动阶段中的那种诸思维活动相互冲突、相互碰撞又相互补充的创新无序状态，只是表明其创新的质变活动正处于进行状态过程中，而并不意味着其创新质变的完成与结束。只有到了显思维活动阶段，由于实现了社会思维方式的革命，确立了以新的思维范式为核心的社会思维场相有序性结构状态，才表明了知识创新的社会思维活动基本上完成了由"潜"到"显"的转化过程，完成了它的社会思维质变状态。当然，这种质变的完成或结束只是相对的而不具有绝对的意义。因为，它又会在新的思维活动基础上开始了质量互变运动的发展过程。

如果把知识创新思维演化发展的活动作为一个整体性系统发展运动的全过程来看，我们不难把握其纵向演化发展的历史过程以下主要特点：

1. 知识创新思维系统活动的以上三个基本阶段是一种相互依赖、相互贯通而辩证统一的序列发展关系

这就是说，知识创新思维活动的潜思维、趋显思维和显思维这三个

基本阶段，虽然各有其思维规定而相互区别，但在其历史发展实际过程中，又是相互联系、相互依赖和相互贯通而共同处于同一发展序列关系之中。潜思维是整个知识创新思维活动发展的基础与出发点，具有重要的地位与功能作用。它自身阶段的思维活动内容的性质及其状况，规定了知识创新思维活动发展的生长点、发展的方向及发展状态。这突出地表现在，潜思维分阶段的思维问题与思维目标的确立，对于制约整个知识创新思维活动发展过程的影响是很大的。没有潜思维阶段，就不可能有以后整个思维活动阶段的发展。趋显思维作为由"潜"向"显"的转化的中介阶段，起着承前继后的重要转化功能作用。一方面，它既是潜思维活动阶段发展的必然逻辑成果，是以自身现实的存在对潜思维活动阶段发展成果的确证与实现；另一方面，它又是形成和过渡到显思维活动阶段的直接基础和出发点，是实现知识创新思维活动如果没有这种思维转化机制或阶段，就不可能形成真正的社会意义上的知识创新思维社会活动。显思维作为知识创新思维活动的完成形态，虽然离不开前两个阶段的发展，但它本身是作为体现着前两个阶段的内容发展的成果而存在的。即是说，它是对前两个阶段内容发展的最终确证与实现，并且，在这个阶段，由于实现了社会思维方式的革命，确立了新的思维范式，促进了整个社会物质文明与精神文明的发展，从而最终实现了知识创新思维活动系统的社会价值。因此，不难理解，知识创新思维活动以上三个基本阶段在其实际发展过程中，是相互依赖、密切关联的。缺一不可。

2. 知识创新思维系统活动是一个其内容由低级向高级、由简单向复杂而不断完善发展的过程

不难理解，知识创新思维活动由潜思维、经趋显思维再到显思维的转化过程，其本身就表明了其内容不断丰富发展的性质。因为，在这三个思维发展阶段中，每一阶段的转化都意味着把前一阶段的知识创新的思维成果加以综合而保留下来，作为知识创新思维系统向前发展的重要成果基础，从而由此把知识创新思维活动都推到了一个新的高度和更为

广阔的思维活动空间。这充分表明，知识创新的社会思维系统发展的历史过程是一个体现了其内容不断由低级向高级、由简单到复杂的完善发展过程，也体现了知识创新思维活动由个体向群体、向社会而充分发展的社会化过程。

3. 知识创新思维系统活动又是一个体现着否定之否定的辩证发展过程

在潜思维活动阶段，知识创新思维还只是个别的局限性存在，传统的社会思维范式仍占主导地位。其社会思维活动仍处于受制于传统思维范式的旧的思维平衡态。在趋显思维活动阶段，知识创新的思维活动已处于群体化过程中，传统的旧的思维范式正处于解体的无序性的思维震荡过程，即思维结构活动的非平衡态。这是对潜思维活动阶段的思维状态的第一次否定。在显思维活动阶段，由于实现了社会思维方式的革命，确立了新的思维范式，从而在新的基础上形成了知识创新思维社会活动的有序化结构状态。这是一个在更高基础上或层次上综合了前两个阶段知识创新思维活动的积极因素、克服了各自片面因素的否定之否定阶段，是对前两个思维阶段的扬弃。由此可见，知识创新思维活动发展的三个基本阶段的运动，是一个体现着思维创新活动否定之否定的过程，形成了知识创新思维社会活动发展过程的一个周期，并为新的知识创新社会思维活动的周期运动提供了新的基础和出发点。

第九章

知识创新思维系统的自组织性

　　现代系统论、耗散结论等自组织论认为，任何事物系统作为一种开放性系统都是具有自我调节、自我更新发展的功能特性，或者说任何以信息运动为基础的生命系统都是一个具有自组织运动机制的开放性活系统。知识创新作为以具有生命活力的人为其主体的思维创新活动无论是其个体的思维创新，还是其社会化的群体思维创新，本质上都是一个体现着思维信息自我演化、自我重构而不断创新的开放发展过程，因而也必然具有自身思维信息运动的自组织性。

第一节　知识创新的思维创新耗散结构

　　人类知识创新思维活动系统的自组织性，不仅在于它具有信息运动的内在机制，更主要在于它以信息运动机制为基础而形成一种自我协调、自我完善，由思维的无序演化为具有新知意义的新的思维有序化状态，即形成思维创新活动的耗散性结构。思维耗散性结构就突出地体现了人的思维创新活动的自组织性。知识创新思维活动也同样如此。

一、耗散性结构的基本特性

　　普里高津本人曾对耗散结构有一个通俗明了的说明："生物和社会

组织包含一种新型的结构；它与平衡结构例如晶体有不同的来源，要求有不同的解释。社会和生物的结构的一个共同特性是它们产生于开放系统，而且这种组织只有与周围环境的介质进行物质和能量的交换才能维持生命力。然而，只是一个开放系统并没有充分的条件保证出现这种结构。……只有在系统保持'远离平衡'和在系统的不同元素之间存在着'非线性'的机制的条件下，耗散结构才可能出现。一个开放系统可能有三种不同的存在方式：第一种方式是热力学平衡态。……第二种可能的方式与平衡只有一点微小的差别，只是系统内部的温度和浓度保持有一点小小的不同。因而它保持近于平衡。……对于这种状态，可以表明，系统向尽可能靠近分子完全无序的状态运动。因此，任何新的结构和组织都不可能出现。然而，对于第三种可能的方式，情况变得完全不同，这是在强调力保持一定的值，迫使系统远离平衡时产生的结果。在这种情况下，新的结合和新型的组织能够自发地形成，这叫做'耗散结构'。"①

依据普里高津所作的上述阐述，我们可以对耗散性结构范畴做出以下规定：所谓耗散结构，就是指一个远离平衡的开放系统，通过不断与外界交换物质、能量和信息，从原有混沌无序的混乱状态转变为一种在时空或功能上的新的有序状态结构。它本质上是一种自组织结构。具体说来，它具有以下基本规定性：

1. 系统存在的开放性

这就是说，该系统首先是一种开放性结构。它只能每时每刻处于不断与环境进行物质、能量和信息的变换过程中，从外部环境获取负熵流，并转为自身存在的活力因素，才能以此维持自身系统的存在和发展。

2. 系统存在状态的新的有序性

就是说，该系统作为耗散性结构，是一种由原来的无序状态转化而来的在时空或功能上有规则的有序状态。这种有序性表现为远离平衡的

---

① 普里高津：《复杂性的进化和自然界的定律》，载《自然科学哲学问题》，1980 年第3 期。

非平衡的新的稳定态、即在新的基础上形成的动态中的稳定性。这种有序性稳定态较之它原来的无序状态来说，具有某种新的性质。它是由无序状态转变而来的。正如普氏讲的"无序是有序之源"。

3. 系统内部活动的非线性

即是说，该系统作为耗散结构，其内部的各部分因素的相互运动不是简单的线型关系（简单的线性因果运动不可能产生性质上的嬗变与增殖性，而只能发生质与量的简单重复运动），而是一种复杂的非线型的相互交叉作用。这种非线型的纵横交错，就会形成相互贯通、互补耦合的运动，就必然会发生质与量的嬗变和增殖性变化，生成并扩展一种新的性质，从而演变成具有新质的有序结构。

二、知识创新的思维耗散结构

结合普氏理论来理解，我们不难确定，人类思维创新活动——当然也包括知识创新的思维活动要形成耗散性结构也必须具有以下基本条件与机制：

1. 创新思维系统必须是开放性系统

因为，一个孤立系统其内部只有熵的增加，熵值总大于零，最终将导致系统走向高度无序的死亡状态。只有在开放条件下，思维创新系统通过与外界环境交换信息，从外界输入负熵流来抵消系统本身的熵值增大，才有可能从无序走向有序。从思维创新意义上来说，这就是意味着青少年主体要不断地吸收新的知识信息、了解新的问题，以开放性的思维态势对问题进行积极的思考。

2. 创新思维系统必须远离平衡态

首先，在平衡态系统中是不可能形成稳定的有序结构的。因为平衡态时，系统完全处于一种无序状态。它的宏观性质不随时间的变化而变化。其次，在接近平衡态的线型非平衡区，由于受到外界作用，系统内部会出现微小的差别，但这种差别所引起的涨落是很小的。最后仍会回到原来的平衡稳定状态去，因而也不可能形成新的结构。在远离平衡态的非线性区域，情况就大不一样了，其内部差别会逐渐变大，在涨落的作用下，使系统发生突变，由原来的无序混乱状态会转变为一种新的有序状态。从思维创新活动意义上讲，这就意味着主体要自觉地摆脱或超越传统日常规思维模式的束缚，立足于远离常规思维模式的新的思维空间，对问题进行积极思考，才可能形成创新思维活动。

3. 创新思维系统内部的非线性机制

线性相互作用的特点是具有叠加性，在性质和行为上导致完全相同。因此，线性相互作用无论是多大的积累，也不会产生新的性质和新的结构。非线性相互作用则不同，其最大特别是具有相干性，是其思维差别逐渐放大，并相互耦合形成一种在整体上完全不同于各部分的新的整体效应。从创新思维活动意义上讲，就是意味着对问题的思考不能从同一个方向或层面进行简单重复的思索，而应该从不同的方向，不同的层面，不同的角度，甚至不同知识背景的领域中对问题进行多维向度的思考，形成非线性的思维运动状态，才能获得创新的思维成果。

4. 思维涨落的杠杆机制

所谓涨落也就是指系统自发产生的相对于原宏观平衡状态的偏差。在远离平衡态的非线性区域，系统的随机涨落通过相干效应逐渐放大，形成一种具有较强力量的宏观的"巨涨落"，从而推动系统从一个不稳定态跃迁到一个新的稳定有序状态。从思维创新活动意义上讲，这就表现为主体要善于抓住思维闪光点，在相互碰撞的思想中发现新思想，并在进一步思考运动中积极扩展思路，不断丰富和发展新思想，使最终形成思维创新成果。

第二节 知识创新思维运动自组织性

在这一节，我们将具体运用自组织论原理来分析一下知识创新的思维活动，力图揭示其思维创新活动耗散性运动的自组织机制及其过程。

一、个体创新思维系统自组织性

如前所述，知识创新思维具有个体思维创新与群体思维创新这两种基本形态。个体思维创新活动是人类知识创新思维活动中最基本的具体形式，同时也是其知识创新思维整体活动发生的原创点或出发点，具有重要的研究价值。知识创新活动的个体思维创新本质上作为一种开放性系统，必然也存在着其思维耗散性结构运动的机制与条件。对之，我们可以从以下方面来进行具体分析。

1. 它已具有思维创新活动系开放性

如前所述，自组织理论认为，形成耗散结构的自组织性系统，必须首先是作为开放性系统而存在的。因为，系统只有通过开放的途径与外部环境进行物质、能量和信息的交换，让外界输入的负熵流大于内部熵的产生，使系统的总熵逐渐减少，才可能形成稳定有序的新结构。任何科学家个体主体在进行知识创新的思维活动时，都必须通过阅读、交谈、实验、观察等活动方式，大量地接受许多有关外界的知识信息，掌握丰富的材料，才能形成特定的思维问题，开展其思维创新活动。这就是说，主体的人脑思维创新活动，首先就是作为一个开放性系统而存在的。在这种开放性状态中，主体不断与外界环境进行思维信息交流的活动，以此来确立思维创新目标，调整其内在运动状态①，以维持自身思维创新活动系统的有序稳定性。封闭而孤立的人脑只能使熵自发地增加，信息趋向减少，从而走向无序与死寂。事实充实表明，知识创新思维活动能力强的人，都是善于不断学习、不断吸收新信息的人。贝弗里奇曾说过："有重要的独创性贡献的科学家，常常是兴趣广泛的人，或是研究过他们专修学科之外的科目的人。"因此，思维活动

---

① 贝弗里奇：《科学研究的艺术》，科学出版社 1984 年版（下同），第 58 页。

的开放性，就是个体主体进行知识创新思维而形成耗散性结构运动的首要条件。

2. 它具有思维创新活动的远离平衡态性

如前所述，自组织理论告诉我们，形成自组织的系统必须远离平衡态。因为，处于平衡态中的系统由于不能与环境进行物质、能量和信息的交流而只能停留并固守在原有的无差别的状态，因而也就不可能有新的组织产生和发展。而近平衡态，由于受平衡态的吸引与牵制，使近平衡态所产生的对原系统的偏离（即微涨落）又会逐渐消失，最终退回到平衡态，因而也不能产生新的有序结构。只有超出平衡态，并远离平衡态，在开放状态下才能形成新的有序结构。

从知识创新的思维活动意义上讲，远离平衡态，就是要求科学家个体主体在思考问题时，不能停留在旧的思维活动空间而必须摆脱传统的旧的思维活动模式的束缚，去确立一个新的思维活动基点或思维活动空间。旧的传统思维活动模式属于常规性的思维活动状态即思维活动内部无差别、无变化当然也无新意的平衡态。因此，个体主体要进行知识创新的思维活动，就必须摆脱常规性传统思维活动结构的束缚，即远离思维常规活动平衡态，要立足于远离常规思维活动之外的自由活动的思维开放性空间，才能展开创新思维活动、建立新的思维活动有序性状态。事实也表明，许多伟大的科学家主体在进行知识创新思维活动时，总是以怀疑的精神和批判的态度，敢于向传统的思维活动观念挑战，勇于摆脱常规思维活动模式的束缚，自觉拓展思路、在开放性思维活动空间中，凭自由灵活的思维想象进行创新活动，从而建立一种远离传统常规思维平衡态的富有创造生机的思维耗散性结构。

从某种意义上讲，自觉地远离常规思维活动平衡态，是个体主体形成知识创新思维活动状态极为重要的关键性条件。现实中，之所以有许多人很难形成现实的知识思维创新活动，哪怕他掌握的知识量再多。其中一个主要的原因，恐怕与他没有自觉地形成"远离常规思维平衡态"这一特定的活动状态有关。一般来说，讲究思维活动的开放性，学习和掌握新知识，许多人还是能自觉做到的。但对于自觉地破除传统观念、大胆设想"远离常规思维态"这一环节就不容易做到了。因为，这种"远离"并不是仅仅简单地依靠怀疑精神和批判态度就能奏效的。它还涉及一些具体复杂的思维操作与设计等问题。但不管怎样，"远离传统的常规思维平衡态"，是个体主体形成知识创新思维耗散性自组织结构极为重要的必要条件。这却是毫无疑问的。

3. 它也存在着思维创新活动内部的非线性运动机制

如前所述，自组织理论认为，耗散性结构作为一种自组织结构，之所以形成和发展，其中重要的内在机制在于，其系统内部各要素的运动处于非线性的相互作用之中。因为，线性的运动只能形成系统量的积累与重复而无性质的差异与变化。只有非线性的相互作用，才能形成系统内部质的差异、嬗变，从而生成和发展新的质，并能因其非线性的相互作用而产生协同行为和相干效应使序参量不断增大而形成新的有序结构。因此，哈肯认为，"控制自组织的方程本质上是非线性的"[1]，"这些非线性项起着决定的作用。"[2]

从科学家个体主体的知识创新思维活动来看，其内部也存在着诸层次的非线性相互作用的情形。这主要表现在我们在前面所反复提到的：主体的各种不同的思维信息在显意识和潜意识等层面上，通过各种思维能力的调动而陷入相互冲突与碰撞、相互协调与互补、相互贯通与融合、无序与有序、解构与建构等全方位的非线性相互作用的旋涡式运动状态。正是在这种非线性的思维诸信息相互作用的状态中，使得诸思维信息之间发生嬗变、重构，从而在新质的层次上形成思维信息耗散有序的创新结构。

4. 它具有思维创新活动的随机涨落机制

如前所述，在自组织理论看来，在近平衡态，由系统内部微小的差别所引起的对平衡态系统的偏离即涨落是微小的。它只是一种干扰因素

[1]　哈肯：《协同学》，原子能出版社1984年版（下同），第18页。
[2]　哈肯：《协同学》，原子能出版社1984年版（下同），第287页。

而会逐渐衰减，迫使系统又回到原来平衡态中去。而在远离平衡态，由于非线性相互作用，随机涨落会因相干效应而逐渐放大以形成"巨涨落"，使序参量迅速扩长，从而导致系统发生质变，形成具有新质结构与功能的状态即耗散性结构自组织状态。在这里，"涨落"成为导致有序结构形成的又一重要内在运动机制，即普里高津所强调的"涨落导致有序"。

从知识创新思维活动来看，如前所述，科学家主体在展开思维多维向度思考时，由于其思维内部诸要素处于相互碰撞的自由无序状态，会因相互碰撞而闪出奇异之光，形成新的思维信息雏形。这种新思维信息的出现，对于传统的常规思维活动平衡态来讲，就是一种干扰或偏离，即一种思维涨落。但如果这种思维涨落出现在近平衡态——即尚未彻底摆脱旧的传统常规思维结构影响的边缘思维活动空间——就会被思维主体所忽略，就会因传统常规思维平衡态的牵引而被拖回到传统思维活动状态中去。于是新的思维信息如昙花一闪便瞬间消失淹没了。但如果这种作为新的思维信息而闪现的思维涨落出现在远离常规思维平衡态的非线性区域——即科学家主体自觉地跳出传统常规思维结构之外而建立的新的开放性思维活动空间——情况就不同了：这种新思维信息的涨落就会由于非线性的交互相干效应，而会触类旁通被迅速放大，形成新的思维信息的"巨涨落"，思维序参量也随之便增大从而形成新的思维创新活动有序结构。它表现为各种思维信息在新的思维空间（即远离常规思维活动平衡态）里进行综合与互补、贯通与融合、协调与建构的思维新成果的形成、验证和完善的有序化过程。这种思维活动过程用哈肯的话来说，就是"通过涨落（"启发"）出现新的序参量（即新思想），成功地把分散的点联系起来"的过程①。值得指出的是，在科学家个体主体形成思维创新活动有序性耗散结构的过程中，其思维创新的"涨落"有内涨落与外涨落这两种情形。所谓内涨落，是指由于其头脑内部积淀下来的思维知识信息的触发或闪现而导致的思维涨落。如年轻的

---

① 哈肯：《协同学》，原子能出版社1984年版，第173页。

凯库勒在睡梦中因梦见蛇舞——即受积淀于潜意识领域的"蛇"形信息的触发——便顿悟出苯分子的"环形"结构,从而形成思维创新活动的耗散性有序化过程。所谓外涨落,是指由外部偶然的机遇信息的触发而形成的思维创新涨落。如年青的牛顿在苹果园散步沉思时,一个苹果偶然落在他头上,受这"苹果下落"这一外在机遇信息的触发,他头脑内部便闪现出"万有引力"定律的新的思维涨落。同样要值得说明的是,这两种思维创新涨落总是相互内在联系的,而且外涨落最终要通过内涨落的放大而起作用。

综上所述,不难看出,科学家的个体思维创新活动系统已经具备了知识创新思维耗散结构自组织运动的条件与机制,因而会容易形成其知识创新思维活动的自组织过程。

对于科学家个体的知识创新思维活动的耗散性结构自组织过程,我们可归纳为以下几个主要阶段:

1. 开放性条件下的思维信息输入阶段

这是科学家个体主体广泛收集知识信息、观察实践中的新问题或新现象,自觉接受外界环境相关信息输入的过程阶段。它为其形成知识创新思维活动的耗散性结构奠定了前提条件。值得说明的是,这种在开放性条件下不断接受外界环境信息的输入活动应贯穿其活动全过程之始终。这也就是说,在整个知识创新思维的活动过程中,科学家个体主体必须要不断广泛收集资料,不断自觉地吸收外界相关知识信息,以此来不断调整、维持其自身知识创新思维活动系统的存在与发展。这是一个思维知识信息负熵流不断输入的过程,它有利于减少知识创新思维系统熵的增加,以不断增强知识创新思维的活力,从而不断促进其知识创新思维活动系统的有序性发展。

2. 远离传统常规思维平衡态阶段

这是科学家个体主体跳出传统常规思维活动模式,自觉地确立知识创新思维活动的出发点、设定知识创新思维活动的步骤、原则和目标的思维构思与设计阶段。从本质上讲,就是体现为科学家个体主体本着怀疑精神、冒险心理以及自信态度，敢于自觉打破传统常规思维活动模式的束缚，另辟蹊径地拓展思维视角、变换思路、设定问题、确立新的思维活动坐标进行知识创新的自由空间阶段。

　　3. 非线性效应导致思维创新涨落的形成阶段

　　在远离传统的常规思维活动平衡态结构之外的新的自由创新空间，由于科学家主体自觉地摆脱和超越了传统常规思维活动模式的束缚，自身的思维活动便进入了其内部诸要素上下纵横的非线性相互作用的自由创新区域。在这种充满差异和矛盾的非线性相互运动状态中，各种不同而相关的思维诸信息之间相互碰撞，便会发生性质上的嬗变，就会闪现出新的思维成果雏形信息，即发生思维创新涨落。这就为其形成思维创新活动的整体有序结构运动提供了极为重要的关键机制与契机。这种新的思维成果雏形信息的涨落现象可以在非线型思维区域的不同层次上发生。它既可以在显意识领域发生；也可以在潜意识领域发生；还可以在潜意识与显意识二者相互贯通的活动层面中发生。总言之，由非线性相互碰撞效应所导致的思维创新涨落是直接关系到整个知识创新思维活动有序结构运动形成的极为重要的转化机制和过渡环节。

　　4. 非线性协同放大效应所导致的思维创新整体的有序化活动阶段

　　科学家主体在远离常规思维态的新的思维自由活动空间所形成的任何层次上的思维创新涨落，都会因其非线性相互运动的进一步作用而得以迅速放大、扩展，从而使思维创新的诸信息由点成块，不断在新的层次上迅速发生相互协同、互补与融合的思维建构运动，形成整体的思维创新活动有序化结构运动。这一过程实际上也就是表明了，在科学家主体的思维创新活动过程中，其思维创新成果信息的涨落在非线性运动的放大效应的作用下，其思维创新涨落由点成块，迅速放大、扩展，形成创新思维的"巨涨落"，最终在新质基础上形成了思维创新活动整体有序化结构即思维创新的耗散性结构运动。换言之，这一过程也体现为科学家主体由新的思维信息雏形形成较完整的知识创新思维成果的由小变大、由弱为强、从隐转显的思维创新过程。

5. 新的思维成果最终成形并加以完善化阶段

在科学家主体的知识创新思维活动整体有序结构即耗散性运动状态中，经过其思维的不断补充和完善，最终便形成比较完善成熟的知识创新思维成果，并通过与他人的交流和讨论，借助于一定的社会媒介而将其知识创新成果输出其思维系统，投向社会思维场相活动，从而构成了其知识创新思维成果信息的反馈回路。这是因为，在这种知识创新思维活动系统内部的补充与完善并不具有绝对完成的意义，其知识创新思维成果信息的输出也不是其信息的简单消失与完结，而是通过这种成果信息输出与反馈的回路，将其经受了外界环境实践活动的检验后再反馈过来，由此便又开始思维创新耗散性结构运动自身的进一步调整、补充和完善的发展过程，这样使科学家主体的知识创新思维成果不断得以成熟与完善。

值得说明的是，以上几个思维阶段的划分只是相对的，并没有绝对分明的界线，因而在科学家个体主体的知识创新思维的实际过程中，它们是密不可分的。实际上也是如此，在科学家个体主体的知识创新思维活动整个过程中，以上思维创新阶段依次过渡转化、彼此密切相关，从而形成了知识创新思维活动的自组织过程。

二、群体创新思维自组织性

知识创新的思维活动，如前所述，不仅表现为其个体思维的创新活动，更重要地体现为他们的群体思维创新活动。从知识创新的群体思维活动过程来看，同样存在着思维创新耗散性自组织运动的机制与条件，即它同样是作为开放性思维创新活动系统而存在的，具有思维系统活动的开放性；并随着社会环境条件变化而远离传统常规思维平衡态；其内部也存在着思维诸信息的非线性相互运动，并在这种非线性运动的作用下会出现新思维信息的涨落。对于知识创新思维的社会群体活动的自组织运动过程，我们可以从以下几个主要阶段来进行具体考察。

1. 近传统的常规思维平衡态的微涨落出现——即潜思维创新活动阶段

前面的自组织理论已表明，任何事物系统作为一种耗散性结构自组织状态，必须首先是一种作为开放性系统即不断与外界环境进行物质、能量和信息交换的系统状态而存在的。

在前面内容中，我们已阐明，知识创新的社会群体思维活动首先是从以科学家个体思维创新或少数群体思维活动创新为存在形式的潜思维阶段开始的。这是其知识创新思维社会群体活动过程的第一阶段。值得注意的是，潜思维活动形态绝不是一个封闭孤立的存在系统。它实际上是作为开放性信息接收系统而存在的。它实际上是知识创新社会思维活动系统与外界环境进行信息交换的重要接受阶段。它是外部环境丰富多样的信息输入知识创新社会思维活动系统的唯一通道端。因此，从本质上来讲，潜思维活动阶段是作为开放性信息接收系统而存在的。它是知识创新社会思维形成耗散性自组织运动的前提环节和基础阶段。当然，这种潜思维活动形态本身并不是一开始就处在远离传统常规思维平衡态的非线性思维活动区域，而只是作为开放性的近常规思维平衡态线性区域而存在。因此，这个思维活动阶段并不能一开始就直接呈现为知识创新的思维耗散结构，有可能会回到传统常规思维平衡态，或者说，能否超越思维常规平衡态的制约而跃入远离传统常规思维平衡态的非线性活动区域，取决于其思维活动内部矛盾的斗争情况。但不管怎么样，潜思维活动形态是则形成知识创新社会思维活动耗散结构的基础与出发点。

在知识创新的潜思维活动阶段，由于外部环境信息流的不断输入，其内部思维信息的组合运动必然会发生局部性的新质变化（即在近常规思维平衡态中出现质的差别）。它首先具体表现为科学家个体思维或少数群体思维的知识创新活动。这种少数科学家个体思维的知识创新活动，就其本身作为微观意义或局部意义上的思维耗散结构状态来说，具有与社会传统常规思维平衡态所不同的思维创新性质。因此，它的出现表明了它对社会传统常规思维平衡态的偏离或干扰，即它是作为知识创新思维的微观涨落而出现的。

不难理解，从社会思维宏观层面来看，知识创新的潜思维仍属于传统的常规社思维会场相系统之中。因此，知识创新的个体或少数群体思维活动的涨落，从耗散结构意义来看还只是属于近传统常规思维平衡状态的微观涨落，还不能被放大。这与远离社会传统常规思维平衡态的涨落状况是不同的。在近传统常规思维平衡态状况中，虽然其知识创新的思维系统可以因这种微观涨落的作用从思维平衡状态向远离传统常规思维平衡的状态过渡，但最终有可能因为传统常规思维力量的强制约而使思维系统向后退从而恢复到传统的社会常规思维平衡态。从社会思维层面来看，这一过程就表现为：科学家个体或少数群体的思维创新活动及其成果的这种微观涨落，可能会受传统社会常规思维活动力量的影响或制约，被其所束缚、所同化而逐渐衰减，最终被拖回到传统的常规社会思维平衡状态中被淹没而消失。这也就是说，科学家个体主体的创新思想可能会被社会传统的保守势力所否定、所扼杀。当然也有可能由于知识创新思维系统环境的变化以及自身挣扎发展，使这种科学家个体思维的创新涨落会挣脱传统常规思维定势的"回拖力"而跃入远离常规思维平衡态的非线性区域、并受非线性相干效应的作用，而被迅速放大成"巨涨落"，由此形成新的知识创新社会思维场相有序结构，即科学家个体主体不为传统势力所屈服，坚持创新，不断丰富和发展自身的思维创新成果，并最终战胜了传统思维的保守势力。因此，潜思维活动阶段中的科学家个体或少数群体思维创新活动发展的前途命运，即其"科学蒙难"现象能否得以避免，这主要是由其思维创新活动微观涨落的"向前引力"与传统社会常规思维"回拖力"这两种"张力"的斗争情形所决定的。

2. 远离常规思维平衡态的非线性区域的创新思维"巨涨落"扩展——趋显思维阶段

前面已讲到，在知识创新的潜思维活动阶段，由于社会思维系统还处于传统常规思维平衡态，因此，其科学家个体的知识创新思维的微观涨落对其社会宏观思维系统的偏离作用是很微小的，因此，在这个阶段而不可能呈现为群体思维创新的耗散结构。而随着外界环境信息输入活动的不断变化，知识创新思维活动系统发展到趋显思维阶段，情形就不同了。科学家个体主体或其极少数群体主体的创新思维由潜思维进入趋显思维，表明了知识创新思维活动开始了由个体走向群体的社会化过程。在知识创新的趋显思维阶段，在信息不断输入的开放性条件下，知识创新群体思维活动系统内部的各种思维主体已经打破了传统常规思维规范的约束而上下纵横、自由碰撞；各种思想、观点、学派相互自由争议与辩论，整个知识创新思维群体系统处于冲突与协调、同化与顺应、无序与有序、排斥与互补等自由创新的非线性运动状态。因此，从耗散性结构理论来说，知识创新的趋显思维活动就是作为远离传统常规思维平衡态的非线性思维运动区域而出现的。在这里，由于各种思维活动诸要素远离即摆脱了传统常规思维定势的影响而进入了全方位、多思路、多层次的非线性运动的自由灵活创造状态。在这种非线性运动作用下，知识创新的个体思维的微观涨落会因其相干放大效应，而被骤然放大、扩展，演化为知识创新思维的"巨涨落"过程。这种知识创新思维"巨涨落"的演化发展，表明知识创新思维的社会活动完全摆脱了或远离了传统常规思维平衡，并朝着知识创新思维社会活动的高级阶段即新的知识创新思维社会相场结构（就是知识创新思维的社会耗散结构）迈进。因此，趋显思维活动分阶段是标志着知识创新思维社会活动系统远离传统常规思维平衡态而进入全方位创新的重要阶段。

在这个知识创新的趋显思维活动阶段，主要存在着以下思维运动机制：

（1）诸思维信息非线性运动机制。这是科学家群体进行知识创新思维而形成远离社会传统常规思维平衡态，进行自由创造活动的重要的内在机制。正是在这个趋显思维活动阶段，由于许多科学家主体进行非线性的思维信息交流运动，具体来说，就是在不同思维层次上，通过不同的思维角度纵横左右、上下交错、全方位地进行思维碰撞、相互贯通与融合、相互冲突与协同、相互综合与互补等充满差异与矛盾的非线性运动，就必然会导致新的思维性质从中得以嬗变和生成，即闪现出创新思维的涨落；才能进一步形成发展为新的思维创新活动有序化结构所依赖的运动基础。如果没有这种非线性思维信息的嬗变衍生运动，知识创新的群体思维活动系统就不会出现新的思维性质，也就是说，它只能简单地重复过去传统常规思维平衡态那种无差别、无新意的思维运动。

（2）思维创新涨落的协同、放大与扩展的运动机制。如前所述，思维创新涨落的闪现表示了对社会传统常规思维活动平衡态的偏离或干扰，也即思维意义的否定。而创新思维涨落的进一步扩展，必然会导致思维活动序参量的增加而形成新的社会耗散结构。因为，序参量的增加表示了新的思维创新活动状态有序程度的发展。在知识创新的群体思维趋显活动阶段，各种思维主体之间及其思维信息之间相互碰撞所出现的许多思维创新的微观涨落，在本质上是相容的，存在着思维信息之间简约同构性质。因为，它们都是从不同角度或方面正确地反映了客体对象的内在本质。或者说，它们作为反映同一对象整体本质的思维活动形式，彼此之间必然是相互贯通或相容而具有内在的同构性质。因此，不难理解，在知识创新思维的群体活动过程中，由于其思维系统非线性运动的相干效应，其思维诸主体的微观创新涨落便会发生相互贯通、相互同化与互补的嬗变生成运动，从而不断地得以联结、融合与放大，从而形成创新思维活动的"巨涨落"，从整体上进一步摆脱和远离其社会传统常规思维平衡态，以知识创新思维的"合力"推动自身知识创新思维系统向新的有序化结构即耗散性思维创新结构演进。

3. 新的有序性社会思维结构即耗散性思维创新结构的形成——显思维活动阶段

如前所述，在自组织理论看来，在远离平衡态，由系统内部诸因素非线性相干效应放大而导致的"巨涨落"只是形成系统耗散性结构自组织状态的内在动力与机制，它还必须进一步发展到临界区域，系统的序参量才能增大到极大值，系统便由此而跃入一个新的稳定有序状态即耗散性结构自组织状态。

知识创新的群体思维活动的趋显思维阶段并不意味着其知识创新思维活动自组织发展过程的终结。它必须发展到更为完善成熟的自组织高级阶段即知识创新思维活动的耗散性结构阶段。这个阶段也就是其知识创新思维的显思维活动阶段。在知识创新思维的显思维阶段中，各种思维主体及其思维诸信息经过非线性运动的协同与融合作用，彼此就在新的层次上建构成以新的思维范式为核心的新的社会思维场相有序性结构。在这种新的有序性结构状态中，各种思维主体及其思维信息彼此相互感应、相互协同、相互促进，并产生新的思维规范功能。从自组织理论来看，这就是经过趋显思维自由无序运动阶段而导致形成的新的有序化结构即思维创新的耗散性功能结构。这种知识创新思维的耗散性功能结构属于由趋显思维阶段的无序化运动及其思维涨落的放大与扩展所带来的结果状态。这正如普里高津所讲的"无序是有序之源"、"涨落导致有序"。

具体说来，这种新的有序化耗散性功能结构在知识创新思维的群体活动中，就表现为这样一种状态、即诸科学家经过各自的独立思考、彼此的争论和交流讨论，就逐渐地形成了一个大家都能认同并能共同肯定其科学价值的知识创新思维成果。这种知识创新思维的群体活动成果，无疑来自于大家的彼此争论和交流互补。而它一旦形成又以新的思维范式、新的思维方法和观念去进一步规范着或影响着这个知识创新群体活动中的每一位个体主体的思维创新活动。

第三节　知识创新思维系统自组织本质

通过前面的分析，我们揭示了知识创新思维活动系统所存在的耗散性结构自组织运动机制与特征。在这里，我们认为有必要通过进一步分析来揭示知识创新思维活动系统自组织运动本质，从而把握其知识创新思维系统的自组织运动实质及其内在要求。

一、创新思维自组织运动规律性

我们之所以要分析和阐明知识创新思维活动耗散性结构运动的自组织性，其目的就在于深刻地揭示其知识创新思维活动系统所存在的内在必然性或规律性。任何事物活动都有它自身运动的规律性。自组织理论认为，任何生命活动系统都是一种处于开放性的耗散性结构运动系统，因而都有其自身耗散性结构运动的自组织性。人类知识创新思维活动作为一种高级复杂的生命现象或社会活动现象，同样也不例外。所谓人类知识创新思维活动的自组织性，实际上也就是它作为思维活动耗散性结构状态所存在和发展而具有的客观运动的必然性。因此，揭示了它自身内在运动的自组织性，实际上也就是揭示了人类知识创新思维活动自身运动的内在规律性，或者说，人类知识创新思维活动作为一种思维认识活动系统，本质上是自己构成自己认识道路而演化发展的过程，是一个具有自身发展规律的运动过程。认识到这一点，对于深入分析人类知识创新思维活动系统内在的运动机制，从而把握其运动发展规律无疑具有重要的意义。

二、创新思维自组织性与主体能动性

或许有人认为，一讲知识创新思维活动系统自身的自组织性，就会排斥或否定科学家等人之主体的能动性，把知识创新思维活动看成是无主体的纯自发的过程。这是一种形而上学的误解。实际上，讲知识创新思维系统活动的自组织性，也就是讲科学家等人之主体自身活动的能动创造性。因为，知识创新的思维活动的自组织并不是一种外在于人之外的自发的盲目性，而是科学家等人之主体自身思维活动中所具有的能动

创造性。它本身就属于人之主体自身活动的能动性范畴。换句话讲，科学家等思维主体自身活动的能动性就内在地包含了他的思维创新活动的自组织性。因此，科学家等人之主体活动的自觉能动性与其进行知识创新思维活动的自组织性是内在统一的。对于这种内在统一性，我们还可以从以下方面来进行深入理解。一方面，正如人的社会历史活动规律存在于人的主体自身活动过程中一样，科学家的知识创新思维活动的自组织性作为其思维创新运动的内在的客观必然性，本质上也就是属于科学家主体自身活动的规律而存在于自身的思维活动过程之中。任何脱离主体的人或人之主体之外的思维创新活动的自己组织运动是不可能存在的。或者说，不可能存在着独立于人之主体之外的某种客观外在的思维活动的神秘力量或客观意志（精神）。另一方面，正如社会历史活动规律虽然存在于人的自身活动过程之中，但它对人的自身活动却有着客观制约性一样，人类的知识创新思维系统的活动自组织性作为其内在运动的规律性，对人的自身思维活动也同样有着客观的内在制约性。这是因为人的思维活动过程及其结果是多种多样的，并不是任何人在任何时候都毫无条件地处于知识创新的思维活动之中。知识创新思维活动作为人自身思维活动的特殊功能状态，它的形成和发展对思维主体来讲必然具有一定的客观要求。这些要求作为知识创新思维活动系统自组织运动形成的客观的内在机制和条件，就表明了对其自身主体的思维活动的客观的内在制约性。正如前面所论述的，它要求科学家等人之主体的思维活动必须遵循、服从或符合以下运动规定性，才能形成其特定的知识创新思维活动功能状态。概括地讲，这也就是：（1）要广泛地收集有关问题的各种信息，虚心地学习和接受他人的科学知识信息，使自己的思维活动始终处于开放性状态之中。(2) 必须要具有科学怀疑的批判精神，打破传统思维活动的观念结构，努力摆脱社会传统的常规思维活动的束缚，自觉地确立新的思维活动空间，即建立远离社会传统常规思维平衡态的非线性思维区域。（3）必须要反复思考，开展诸如多视角、多方位而辩证灵活的非线性思维创新的自由活动。只有遵循这些思维活动的

"铁"的必然性即规律性，科学家等人之主体才可能形成知识创新思维活动系统的自组织运动，才能最终获得知识创新的思维成果。否则，就不可能形成其知识创新思维活动的耗散性结构的自组织运动。实际上，古今中外科学发现的历史事实表明，那些获得知识创新和科学发现与发明的人，恰恰都是自觉或不自觉地遵循和服从了这些思维活动铁的规律性，才最终获得其伟大成功的。

这就充分表明了知识创新思维这种自组织运动的必然性对其主体自身思维活动的内在制约性。当然，这也是其知识创新思维活动自身运动规律发挥作用的重要体现。因此，承认和揭示这种知识创新思维活动系统自组织运动的内在必然性或规律性，并不是把它排斥于人之主体的自身活动之外，视之为某种脱离人之主体的神秘外在的自发的盲目力量而把它与人之主体自身活动的能动性对立起来；也不是否认知识创新思维活动系统自组织运动作为科学家主体的思维必然规律对自身思维运动的内在制约性，从而把知识创新思维活动视之为人之主体的随心所欲的盲目过程。

三、创新思维自组织性与主体创新素质培养

此外，也不能把知识创新思维活动系统的自组织性单纯地视为其自发形成而无需加以积极引导和培养的过程，而放弃对人之主体的知识创新思维活动素质与能力的教育和培养。如前所述，在知识创新活动系统中，知识创新的培训与传播思维是其系统活动的重要环节与形态。而在这种知识创新的培训教育与传播思维活动环节中，其包含的内容固然有很多的方面，但传授知识创新思维运动规律的知识无疑应该成为其重要的方面。特别是对青少年主体的创新素质与能力的培养，在当前显得尤为重要。毋庸置疑，就青少年主体自身的知识创新思维活动来讲，其活动的自组织性作为其思维运动的内在必然性，从一定意义上讲无疑会具有自发性。但青少年主体始终是我们教育与培养的对象，他们的知识创

新思维活动离不开我们对其积极引导和有意识的培养。我们之所以在这里揭示知识创新思维活动系统运动的自组织性，就在于通过这种揭示，使我们更好地认识和把握其知识创新思维活动的内在规律性，从而更好地培养青少年主体的思维创新活动素质与能力。因此，从教育和培训青少年来说，揭示知识创新思维活动系统的自组织性，决不意味着要放弃对青少年创新思维活动素质与能力的教育和培养，而让其放任自由。恰恰相反，揭示知识创新思维活动系统的自组织性，会丰富我们教育和培训青少年创新思维活动的理论基础。

总而言之，知识创新思维活动系统运动的自组织性或客观规律性与人之主体自身活动的能动性是对立统一的关系，具有内在地统一性。正如马克思所讲的，人作为历史活动的主体，既是历史创新活动的剧作者，又是历史活动舞台上的演员。只有遵循和服从自身历史活动的内在必然性，我们才能演出波澜壮阔的伟大史诗。知识创新思维活动系统运动的自组织性，既是属于人之主体自身（思维）能动活动之中（而非人之活动之外）的内部本质特性，又是制约和体现人的知识创新思维活动的必然规律与内在力量，从而使人的知识创新思维活动必须服从和遵循这种自身活动内在本质的制约。正如有的学者在谈到科学发现是一个自组织过程时所强调的那样，"把科学发现证明为自组织的过程，并不意味着科学家毫无创造性，也并导致科学发现是一个自动的无需人的过程。科学发现的自组织性质只意味着这一过程具有自主性和内在逻辑，意味着科学家必须遵从这种性质，受这种性质的支配，当科学家的创造性与其内在逻辑相结合时，科学发现才能做出。科学发现以科学家的头脑为载体和场所，科学家受发现过程内在的逻辑支配，这就是两者的辩证关系"[1]。笔者也是站在这种相同立场上坚定地认为，把知识创新思维活动证明为自组织过程，并不否认人之主体活动的能动性，也并不否认知识创新思维活动是一个脱离人之主体的自动盲目的行为过程，而只是表明知识创新思维活动过程所具有的必然的自主性（或必然的

―――――――――――
① 吴彤：《科学发现是自组织过程的吗？》，载《内蒙古大学学报》，1996年第1期。

自发性）和内在逻辑，只意味着知识创新思维活动的主体必须服从这种性质，受这种性质的支配，才能形成现实的知识创新思维活动。因此，深刻地揭示和科学地理解知识创新思维活动系统的自组织运动本质，才能更好地使创新主体增强创新信心、自觉地遵循和服从这种知识创新思维运动的自组织规律，使自身的知识创新思维活动与这种活动的内在逻辑要求达到高度自觉的一致，从而创造出更多的思维知识成果，去撷取人类光彩夺目的智慧之果！

主要参考书目

1. 胡伦贵，肖文等著：《人的终极能量的开发——创造性思维及其训练》，中国工人出版社 1992 年版。

2. 刘奎林，杨春鼎编著：《思维科学导论》，中国工人出版社 1989 年版。

3. 刘益东：《中国创造性思维研究的兴起与发展》，载《自然辩证法研究》，1996 年第 3 期。

4. 夏甄陶等著：《思维世界导论——关于思维的认识论考察》，中国人民大学出版社 1992 年版。

5. 丁润生等著：《现代思维科学》，重庆出版社 1992 年版。

6. 王极盛：《科学创造心理学》，科学出版社 1986 年版。

7. 杨德，袁伯伟等著：《创造力开发实用教程》，宇航出版社 1992 年版。

8. 刘永振等著：《科技思想方法的历史沿革》，山东教育出版社 1992 年版。

9. 韩民青：《现代思维方法学》，山东人民出版社 1989 年版。

10. 苏越等著：《现代思维形态学》，中国政法大学出版社 1994 年版。

11. 章士嵘：《科学发现的逻辑》，人民出版社 1986 年版。

12. 徐本顺等著：《科学研究中的探索性思维》，山东教育出版社。

13. 曾杰，张树相：《社会思维学》，人民出版社 1996 年版。

14. 沈铭贤，王淼洋：《科学哲学导论》，上海教育出版社 1991 年版。

15. 王雨田主编：《控制论、信息论、系统科学与哲学》，中国人民大学出版社 1988 年版。

16. 贝弗里奇：《科学研究的艺术》，科学出版社 1984 年版。

17. 哈肯：《协同学》，上海科学普及出版社1988年版。

18. 韦特海默：《创造性思维》，教育科学出版社1987年版。

19. 田运：《思维科学简论》，北京工业大学出版社1985年版。

20. 库恩：《科学革命的结构》，上海科技出版社1980年版。

21. 库恩：《必要的张力》，福建人民出版社1981年版。

22. 苗东升：《系统科学精要》，中国人民大学出版社1998年版。

23. 张斌：《技术知识论》，中国人民大学出版社1994年版。

24. 刘大椿：《科学技术哲学导论》，中国人民大学出版社2000年版。

25. 陈嘉明：《知识与确证——当代知识论引论》，上海人民出版社2003年版。

26. 路甬祥主编：《创新与未来——面向知识经济时代的国家创新体系》，科学出版社1998年版。

27. 颜晓峰：《知识创新：实践的诠释》，国防大学出版社2004年版。

附录 1

论思维创新的自组织演化过程

未来社会是一个知识经济创新时代。创新是未来社会的重要特征。创新的本质与核心是思维创新。思维创新活动本质上是一种复杂的社会化过程。正如美国学者库恩说过："科学发现很少可以归之于某一个人，某一时间，某一个地点的单一事件"[1]，B. 巴伯也指出，"科学发现不是那些不可解释的个人天才之神秘的产物；而是部分地能加以说明的社会过程的结果。"[2]而从社会演化过程来看，思维创新作为一种复杂的社会化过程系统本质上属于自组织性运动，有着自身演化过程的阶段及其运动机制。

一

一般来说，任何复杂系统本质上都是一种自组织演化系统。我们认为，思维创新的自组织演化过程，一般会经历三个基本阶段，即创新思维的潜思维、趋显思维和显思维阶段。虽然每一个阶段都有着自身的运动特性与机制，但都有着运动的自组织性质。对思维创新整体演化过程的自组织性分析，离不开对这些运动阶段的具体考察。

潜思维阶段的思维创新是整个社会思维创新的孕育初始阶段。思维创新作为社会化活动总是先从个体的思维创新活动开始的。因此，特定的个体思维创新活动就成为思维创新社会过程的初始阶段。正是那些伟大的科学家个体，如牛顿、爱因斯坦等进行了艰苦的个人奋斗，为推动科学发现的社会创新思维历史活动做出了不可磨灭的个人贡献。从宏观的社会思维层面来看，以特定的个体思维创新为内容的潜思维阶段具有以下思维活动特性：

（1）个体思维的探索性。即思维创新总以个体思维的创新为其生长点，具有明显的思维个体性。而这些个体思维创新所涉及的往往又是新的问题域，体现着人类思维由已知领域向未知领域探索的思维特性。

（2）思维活动的局部分散性和艰难性。即这些个体创新思维总是分散于社会思维不同区域或层面，并由于代表了思维创新的发展方向而与传统的社会思维系统相冲突而遭到排斥和压制，从而使自身处于艰难境地。

（3）思维活动的隐潜性及其成果的幼稚性。即思维创新作为个体思维活动形态实际上总是处于社会思维活动层面的底层潜伏状态，并因处于初始阶段而必然具有的自身不成熟性与幼稚性，需要在更为广阔的社会思维活动空间中去补充和完善。

值得指出的是，思维创新的潜思维活动绝不是一个封闭孤立系统。它实际上是一种以微观活动形式而存在的思维开放性系统，是一个以自身存在形式接受环境信息而输入到社会思维创新活动系统的通道。思维创新的诸个体主体往往通过各种形式的彼此交往而使自身的思维创新处于开放性状态之中。贝弗里奇说过，"有重要的独创性贡献的科学家，常常是兴趣广泛的人，或是研究过他们专修学科之外的科目的人"[3]，他们会通过阅读、书信来往、会议交谈等多种方式而与外界环境保持知识信息交流。因此，潜思维创新阶段在整个社会创新思维系统过程中，是作为开放性信息接收系统而存在的。从社会宏观思维层面来看，这种以个体思维创新活动为存在形式的潜思维开放性阶段虽然是一种近传统的社会常规思维系统的思维平衡态。但它却是思维创新社会演化活动形成的重要前提和基础。

在思维创新的潜思维阶段，由于外部社会环境信息流的不断输入并达到一定阀值时，其个体的内部思维信息的组合必然会发生局部性的新质变化（即在近常规思维平衡态中出现质的差别）。正如有的学者所说的，"只有当外部环境向系统输入的物质、能量和信息达到一定阀值时，系统的自组织才能发生。"[4]从思维创新意义上来说，它就表现为个体思维主体因受外部环境相关信息的启迪而展开的创新活动。这种个体思维的创新活动，就其本身来说应该是微观意义上的思维耗散结构，具有与宏观的传统社会常规思维平衡态所不同的思维创新性质。这种微观个体的思维创新耗散结构的形成有赖于它自身运动的非线性运动机制及其思维涨落机制。就其思维运动的非线性质来说，就表现为其个体主体全方位、多视角、多层面、多变换的思考状态。而在这种开放性的非线性思维运动状态中，必然会产生思维涨落。"从系统的存在状态看，涨落是对系统稳定态的平均状态的偏差，……任何一个系统都必然存在着涨落，涨落的这种无处不在无时不在的特性是由运动的不灭性造成的，……自组织论认为涨落是系统进化到更有序状态的诱因，涨落驱动了系统中各个子系统在获取物质、能量和信息方面的非平衡过程"[5]。不难理解，在个体思维创新活动中所出现的新的思维闪光点是代表了对宏观的传统社会常规思维平衡态的一种偏离、偏差或干扰，即它是作为微观思维的创新涨落而出现的。这是形成思维创新活动发展的一种直接而重要的机制，它为思维创新社会活动演化奠定了重要的内在动力基础。尽管从社会宏观思维层面来看，潜思维创新形态仍属于传统的社会常规思维场相系统范围，但从其潜思维创新的性质上讲，其本身属于近传统的常规思维平衡态，而不能说就是传统的社会常规思维平衡态本身。个体或少数群体的思维创新涨落，还只是属于近平衡态的微观涨落即只是属于对常规思维系统的一种微观偏离、偏差或摆脱，还不能被放大。这与远离平衡态的思维创新涨落状况是不同的。因为，在近平衡态状况中，由于涨落的微弱、没有被放大，系统最后还可能会恢复到平衡态。从社会思维宏观活动层面来看，这就表现为个体思维创新的这种微观涨落，有可能会遭受到传统旧思维的打击或压制即受传统的社会常规思维活动影响所束缚、所同化、而逐步衰减，最后被拖回到传统的社会常规思维平衡状态中被淹没而消失。这就意味着科学蒙难现象会发生。当然也有可能由于思维创新开放系统的环境因素的变化发展、信息输入达到合理的阀值以及自身思维创新系统的挣扎发展，这种思维创新的微观涨落会挣脱传统的社会常规思维定势的"回拖力"而跃入远离社会常规思维平衡态，就会受非线性相干效应的作用而被迅速放大成"巨涨落"，由此而导致传统常规社会思维平衡态的震荡与失衡，最后形成新的社会创新思维有序结构。因此，问题的关键在于，潜思维态的个体或少数群体科学发现思维活动的前途与命运，即科学蒙难现象能否避免，主要是由思维创新活动的微观涨落的"向前引力"与传统的社会常规思维"回拖力"这两种"张力"斗争的具体情形所决定。

　　形成潜思维阶段的思维创新涨落，这是任何思维创新的社会演化运动所不可逾越的阶段与内在机制。在这里，思维创新涨落的出现是十分关键的。"涨落在自组织中起着极为重要的作用，系统通过涨落去触发旧结构的失衡，探求新结构，系统在分叉点上靠涨落实现对称破缺选择，建立新结构。"[6]如果潜思维阶段的个体思维活动没有形成思维创新的涨落，就不可能有整个思维创新社会活动演化发展的可能。事实也表明，处在开放性环境的主体思维活动必然会迟早产生思维创新的涨落，正是这种思维创新的涨落导致了整个思维创新社会活动的发生与演化发展。

二

　　如果说，在潜思维阶段，由于思维创新仍处于或近于传统常规思维平衡态之中，其个体思维创新涨落对宏观社会常规思维系统的偏离作用因为微小而会可能逐渐衰弱而消失，还不可能直接呈现为思维创新整体耗散性结构的话。那么，随着外界环境信息输入活动的变化发展，思维创新活动系统发展到趋显思维阶段，情形就大不同了。

　　趋显思维阶段，作为创新思维由潜思维向显思维转化的过渡阶段，它意味着在环境信息不断输入的更为开放性条件下，社会思维系统内部各种不同的思维信息已打破了传统常规思维范式的约束，而上下纵横、自由碰撞；各种思潮及其不同学派相互自由争论，从而使整个社会思维活动系统处于充满冲突与协调、同化与顺应、无序与有序、排斥与互补等自由灵活的非线性创新状态。从耗散性结构理论来讲，思维创新的趋显思维活动阶段是作为远离传统常规思维平衡态的非线性思维运动区域而出现的。

与近平衡态不同，远离平衡态是系统自组织演化过程中的重要环节。远离平衡态是一个更为开放的非线性活动区域。其系统内部的涨落会在开放性条件下因非线性相干效应而被放大，从而会导致原有系统结构的进一步解体，并向新的系统结构目标趋近与跃迁。在远离传统常规思维平衡态的非线性趋显思维活动阶段，由于各种思维活动要素远离即摆脱了常规思维范式定势的影响，便进入了全方位、多思路、多层次的自由碰撞的创新状态。在诸思维信息同化与顺应、互补与综合、建构与融合等非线性运动作用下，个体的思维创新微观涨落因相干放大效应，便迅速骤然放大、扩展，演化为思维创新的思维"巨涨落"。这种创新思维"巨涨落"的演化发展，表明社会思维活动完全摆脱或远离了传统常规思维社会平衡态，而在新的思维空间展开了整体上的社会思维创新过程，并朝着思维创新的社会活动高级形态即新的社会思维创新耗散结构迈进。

在思维创新的趋显思维阶段，主要存在着以下运动机制：

（1）诸思维信息非线性运动机制。这是导致远离传统常规思维平衡态，进行思维信息自由建构运动的重要内在机制。因为，正是由于趋显思维阶段的各种思维主体及其思维信息的非线性相互作用，例如各种思维信息在不同层次上全方位多角度地相互碰撞、相互贯通与相互融合、相互冲突与相互协同、相互补充与相互综合等充满矛盾的非线性运动，才能从中嬗变与生成出新的思维性质，闪现出许多思维创新的涨落，发生着思维信息集约同构的繁殖运动。正如有些学者指出的，"非线性相互作用是系统复杂性之根"[7]，"非线性相互作用是产生自组织现象的基础"[8]，"不是简单地模仿他组织作用，而是依据自身特点对他组织作用加以吸收、变换、改造，创造具有自己特色的运动体制，……外来作用与自身的特性相结合，创造有自己特色的结构、机制和行为模式，是非线性系统的固有特性"[9]。如果没有这种非线性的思维信息嬗变繁殖运动，就不会出现思维活动的差异与矛盾，就不会生成和发展新的思维性质，也就不会形成新质基础上的新的有序结构，而只能简单地重复传统常规思维平衡态那种无差别、无新意的思维运动过程。因此，非线性运动方式是导致思维创新系统演化发展的内在动因或机制。正如哈肯所讲的，"控制自组织的方程本质上是非线性的"，"这些非线性项起着决定的作用"[10]。

（2）思维创新涨落的协同放大和扩展机制，从而导致思维创新序参量增大。思维创新涨落的出现意味着对传统常规思维活动平衡态的偏离。而序参量的增大表示新思维的创造状态有序程度的发展。在思维创新的趋显思维活动阶段，思维创新的涨落仍具有重要作用，不过是以序参量增大方式而进行。各种思维信息之间的相互碰撞必然会导致许多个体思维创新活动的涨落出现。这些思维涨落作为创新思维活动的性质，本质上是彼此相容的。它们都是从不同角度或方面正确地反映了客体对象的内在本质及其思维创新发展的本质要求。因此，在社会化思维运动中，由于非线性的思维相干效应，诸思维创新的微观涨落便会发生相互贯通、相互顺应、相互融合、同化互补的嬗变生成运动，从而彼此得到不断的联结、聚集、放大，形成思维创新的社会思维"巨涨落"，从整体上进一步摆脱和远离传统社会常规思维平衡态，并以思维创新的"合力"推动自身思维创新系统向新的有序化社会思维耗散结构演进。这一过程用哈肯的话来说就是一个"通过涨落出现新的序参量（即新思想），成功地把分散的点联系起来"过程[11]。

（3）思维创新系统的分叉运动机制。系统的自组织演化必然会出现分叉运动。或者说，分叉运动是复杂系统自组织演化发展的重要机制。"分叉是系统演化过程中广泛存在的一种动力学机制。系统演化之所以从单一到多样、从简单到复杂，分叉是重要根源。"[12] 分叉意味着系统演化进程中的层次或结构的多维生成，意味着系统运动的多维向度，展现了系统由简单向复杂、由少到多、由低级向高级演进的规律运动图景。从思维创新运动来说，这种分叉运动就表现为在趋显思维阶段，由于各种不同思维信息的相互碰撞、相互作用，就必然会出现不同思维学派的相互抗争。这些不同学派、不同群体观点的出现就体现了思维创新系统演化进程中的分叉现象。这也是思维创新系统进一步向前演进，从而达到高级有序结构不可或缺的重要基础。

（4）思维创新诸信息的建构组合机制。虽然从社会思维外观层面来看，趋显思维活动阶段的思维创新更容易展现为一种相互碰撞、相互冲突甚至相互排斥的思维无序运动状态，但从其深层运动来看，也包含着彼此相互融合的建构运动。相互冲突与相互碰撞必然会导致相互融合与相互贯通。诸思维创新观点，虽然彼此存在着差异与矛盾，但本质上它们都属于对传统思维范式的否定与批判，都从不同方面或角度体现了对事物发展本质的思维追求，因而本质上它们是彼此相容的。由于受事物对象本质的整体性存在之制约，从不同层面或角度来反映这些本质的思维创新诸观点，必然会在相互碰撞与相互冲突过程中发生相互融合与相互贯通，从而使这些思维创新涨落能够彼此联结、协同和汇聚，从而建构成更为丰富、更为全面与成熟的思维创新观点，以形成思维创新的社会思维巨涨落。

三

在自组织理论看来，事物系统的自组织演化从平衡态开始、经过无序的非平衡态、最终会达到新的有序平衡态，而无序则是有序之源。如果说，趋显思维活动作为思维创新发展的中介阶段，是一种以整体的无序运动状态为特征的话，那么这种运动并不意味着思维创新社会活动发展之终结。它必然要进一步演化到更为成熟的高级有序性自组织阶段、即社会思维创新的耗散结构阶段。这个阶段也就是思维创新的显思维活动阶段。

　　显思维创新阶段是一种经过了趋显思维无序运动状态后的新质基础上的有序整合阶段。在显思维阶段，各种思维创新主体及其创新思维信息经过趋显思维的非线性无序运动，必然会导致对传统社会思维范式的颠覆，从而发生了对旧的科学思维范式进行整体解构的思维方式革命，并在新的层次上建构成以新的思维范式为核心的社会思维有序化结构。这种新的科学思维范式的形成与确立，意味着旧的传统科学思维范式发生了整体性的转换，由此而表明思维创新的社会活动演化到一个新的高级阶段即显思维高级有序化阶段。因此，从某种意义上讲，显思维创新阶段是以实现确立新的科学思维范式之思维方式革命为主要活动内容。库恩曾经说过，"物理光学范式的这些转变，就是科学革命，而一种范式通过革命向另一种范式的过渡，便是成熟科学通常的发展模式"[13]。思维创新活动系统的演化所导致发生的思维方式革命之过程，主要表现为这样一种演化运动：在经过趋显思维的无序创新运动后，各种新的思维观点及其知识信息之间彼此发生相互融合、相互贯通、相互汇聚的协同整合运动。这种"整合过程的主要任务是解决组织结构问题，但同时也在改变和塑造着系统的组分"[14]，"子系统之间的协同则在非平衡条件下使系统中的某些运动趋势联合起来并加以放大，从而使之占据优势地位，支配系统整体的演化"，[15]在这种显思维创新过程中，必然存在着目的吸引子的吸引性运动，"从相空间看，系统演化的目的体现为一定的点集合，代表演化过程的终极状态，即目的态，……凡存在吸引子的系统均为有目的的系统。从暂态向渐近稳定定态的运动过程，就是系统寻找目的的过程。"[16]因此，显思维创新阶段必然存在着系统内部诸因素相互整合的协同运动机制和有目的的吸引性运动机制。正是这种显思维阶段的诸多新思维信息及其观点之间的相互协同的整合运动，使得以新思维信息为内容的序参量不断得以扩展，最终使旧的社会思维整体结构发生根本性的转换或解体，从而在新质基础上形成了包含着新的思维范式的思维创新整体结构即思维创新的耗散结构。这一过程如同有的学者所指出的那样，系统的"各种作用相互关联起来，形成协同，因此系统才能产生整体行为，才形成一种你有中我、我中有你的不可分割的关系，并使系统局部的小涨落得到放大，从而引起系统的从稳到非稳再到新的稳定的跃迁式演化"[17]。

显思维阶段所形成的这种新的科学思维范式，本质上来源于社会众多主体的思维创新活动，是他们共同创造、相互融合、高度集约而成的思维整体性成果，也可以说是由个体创新的潜思维经过趋显思维阶段、不断由个体走向群体、通过"巨涨落"放大而逐渐上升为主导地位的社会化成果。因此，这种新的科学思维范式与社会众多成员的思维活动具有本质上的相容性或相通性。它必然又会以自身的新的思维规范来调控、统摄和制约社会思维系统结构中不同层次、不同主体的思维创新活动，从而赋予这些众多社会个体思维活动以新的思维范式之特色。而作为生存于其中的社会众多成员，也必然会自觉地接受这种本质上与自己创新相容的新的思维范式之作用与制约。这种影响、制约、规范和指导众多社会成员的思维创新活动的过程，也就是新的科学思维范式自身的功能运动。正如马克思说的，"这是一种普照之光，一切其他色彩都隐没在其中，它使它们的特点变了样。"[18] 新的科学思维范式作为一种"普照之光"，它必然会照亮了整个社会思维活动空间，使所有不同主体的创新思维活动自觉或不自觉地遵循新的思维范式之功能制约而进一步相互感应、相互协同和相互促进，从而使整个思维创新运动得以进一步扩展与光大。这种以新的科学思维范式为核心的思维创新社会化过程及其整体有序化运动就成为了显思维活动阶段的重要内容和独特景观。其中，必然会存在着思维相互协同、相互耦合、相互贯通和彼此建构等运动机制，并呈现出思维创新的社会化有序性、充分显态性、高层次成熟性和运动自觉性等特征。

以上思维创新活动演化的三个基本阶段是相互内在联系、依次过渡的。或者说，以新的科学思维范式为核心的社会思维有序化运动结构，作为思维创新的社会高级阶段即思维创新的耗散性结构状态，是原有的思维平衡态经过潜思维、趋显思维等远离平衡态的非线性无序运动后所形成的必然的新的思维有序化平衡态。这正表明了如普里高津所讲的"无序是有序之源"、"涨落导致有序"。

参考文献：

［1］［13］［美］T. S. 库恩：《科学革命的结构》，李宝恒，纪树立译，上海科技出版社 1983 年版，第 168 页，第 11 页。

［2］［美］巴伯：《科学与社会秩序》，三联书店出版社 1991 年版，第 222 页。

［3］贝弗里奇：《科学研究的艺术》，陈捷译，北京科学出版社 1984 年版，第 58 页。

［4］［5］［17］刘兵，李正风：《自然辩证法参考读物》，清华大学出版社 2003 年版，第 142、143、143 页。

［6］［9］［12］［14］［16］苗东升：《系统科学精要》，中国人民大学出版社 1998 年版，第 142、208、76、47、68 页。

［7］李锐锋：《复杂性是系统内在的基本属性》，载《系统辩证学学报》，2002 年第 4 期，第 6~9 页。

［8］柴蕾，狄增如：《论多个体系统模拟与自组织理论的联系》，载《系统辩证学学报》，2005 年第 3 期，第 51~55 页。

［10］［11］H. 哈肯：《协同学——引论物理学、化学和生物学中的非平衡相变和自组织》，徐锡申等译，原子能出版社 1984 年版，第 287、173 页。

［18］《马克思恩格斯选集》第 3 卷，马恩列斯编译局、人民出版社 1995 年版，第 109 页。

（原文发表于《自然辩证法研究》2007 年第 4 期，这次略作补充修改）

附录2

论灵感思维创新的活动机制与规律

　　长期以来，人们把灵感直觉思维视为唯心主义的神秘活动而加以排斥，否定它在知识创新过程中的积极意义。人类科学史已充分表明，许多伟大的科学发现和发明都是通过灵感直觉思维活动形式实现的。灵感直觉思维在人类思维活动中具有独特的创新功能。或者说，灵感直觉思维一开始就是作为创造性思维活动形式而存在的，是人类思维创新活动的重要形态。灵感直觉思维已成为学界研究的重要热点问题。因此，深入研究灵感直觉思维创新活动的机制与规律，无疑具有十分重要的意义。

一

　　灵感直觉思维是普遍存在于人类科学思维活动中的独特的创造形式。许多伟大的科学家都有过灵感直觉思维活动的体验。阿基米德洗澡时因受水的浮力的启发，灵感一闪发现了著名的浮力原理；瓦特从水蒸气冲开壶盖而顿悟发明了蒸汽机；伦琴从高压真空管造成的荧光现象而得到了灵感发现了 X 射线，等等。以创立相对论而誉满全球的爱因斯坦就明确提出过，"我相信直觉和灵感"。彭加勒在《科学与方法》中认为，灵感"直觉是发现的工具"。波尔也指出："实验物理的全部伟大发现都是来源于一些人的直觉。"[1]面对这种无法否认其普遍存在的思维创新活动形式，历史上许多哲学家都对之有过论述。

有的站在唯心主义立场把它神秘化，视之为来自上帝的"神谕"；有的则把它排斥在人的理性认识之外，视之为感性的心理体验，并没有真正揭示其思维活动本质。科学发展到今天，为揭开人类灵感直觉思维创新活动的神秘面纱提供了科学基础与条件。

　　现代脑科学表明，人脑是一个分布极为复杂的生理结构系统。美国当代脑科学家麦克林就把人的大脑结构分为三个层次：最外层的新皮层的主要功能是管辖计算、抽象等，相当于人的显意识部分；新皮层下边是缘脑，它控制着情绪、感情；缘脑里边是爬行动物脑，人的一些本能、原始冲动等皆发源于此，它相当于人的潜意识部分。关于人的潜意识存在，许多脑科学都有其脑生理和脑历史进化的材料根据。众所周知，弗洛伊德所提出的人的意识结构可分为显意识与潜意识两个层次的理论已成为人们研究人的意识活动的重要理论基础。一般来说，人的许多理性思维认识活动大部分是在显意识领域中进行的。但人的潜意识领域并不孤寂封闭静止领域，它时常参与人的思维认识活动。

　　实际上，灵感直觉思维创新活动就上在人的显意识领域与潜意识领域相互作用的过程中形成的。为了更好地说明问题，我们下面从一个具体的科学发现案例入手来深入分析灵感直觉思维活动发生的具体过程：

　　19 世纪德国化学家凯库勒有一天在书房里炉火边思考着苯分子中碳原子如何排列的问题，一阵倦意袭来，不觉蒙胧睡去。在睡梦中他看见长长的碳链条像一条条长蛇起舞。突然有一条蛇回首咬住自己的尾巴。他顿时从梦中醒悟过来并得到了灵感，据此便提出了著名的苯分子的环形结构理论。在这里，我们可以把凯库勒的灵感直觉思维活动的形成过程分为以下几个具体步骤。

　　1. 思考苯分子排列结构的逻辑思维

　　不言而喻，这种逻辑思考是在他的显意识领域中进行的。它是一种以遵循逻辑思维规范而进行的自我意识过程。在这种逻辑思维运动状态中因寻找不到解决问题答案的思维途径而陷入困境。

2. 因梦见"蛇舞"而悟出苯分子的环形结构的朦胧思维

应该指出的是，这是在凯库勒潜意识领域中进行的过程。"蛇"的形象显然是他过去的思维认识信息的沉淀而储存在于他的潜意识领域内的。在他显意识领域中关于苯分子结构的逻辑思考虽然没有找到答案的结果，但这种逻辑思考过程所形成的思维内容则作为新信息却潜入了他的潜意识领域，并因"蛇"形信息的诱导，使得在他的潜意识领域里发生新旧信息相互碰撞、沟通、从而闪现出灵感的火花，便形成了"蛇形＋苯分子"的融合结构即环形结构。

3. 回到显意识领域，加以逻辑思维的描述、验证和完善

应该说，在凯库勒梦中所形成的蛇形图像，还只是一种模糊粗简的意象雏形，并不是科学的理论形态。因此，凯库勒在醒悟过来后，他的思维还必须又回到显意识领域里进行逻辑的描述、验证，将潜意识领域中所形成的思维雏形进行理论上的补充和完善。历史的事实也是如此："他的有机化合物苯分子 C6H6 的环状结构，却不是一次完成的。开始灵感给他的'雏形'仅仅是个封闭的六角形，如图 1 之 a，接着凯库勒从碳的四价出发又勾画了图 1 之 b；最后经过综合性研究，才形成苯的正式结构如图 1 之 c。"[2]

一般总是寓于个别之中。从凯库勒这个科学发现的具体个案，我们不难看出，灵感直觉思维活动的形成其实并不神秘。从它产生的思维活动过程来看，有其发生的必然性：即人们通过实践和认识掌握了许多事物的信息，这些信息经过人脑显意识领域的理解，便逐渐积淀于人的潜意识领域而作为旧的思维信息储存下来；当人们在实践和认识的发展中提出新的问题（例如苯分子结构问题），便对这个新问题在显意识领域中进行逻辑思考与组合，逐渐达到思维饱和度或趋饱和度时，就会造成正常的逻辑思维的突然阻塞或中断，使百思不解的大脑陷入无序状态；而这些经过显意识领域思考过的新思维信息，一旦积淀便潜入了潜意识领域，遇到相似信息（例如蛇形）的诱导，其新

旧信息便如闪电一般相互碰撞、相互贯通，就会发出灵感的思维火花，便融合成新奇的思维成果（例如苯分子环形结构），从而形成一种独特的思维创造过程。

由此我们不难确定，灵感直觉思维创新活动本质上是一种人脑中显意识领域与潜意识领域之间思维信息相互作用、相互贯通和相互融合的思维整体过程。由此也表明，在灵感直觉思维创新活动过程中，其潜意识与显意识密不可分的，二者存在着相互运动的内在必然关系。潜意识思维信息来自于显意识思维信息的沉淀，没有显意识思维信息的运动也就没有潜意识活动的存在；而潜意识领域的思维信息运动总会上升到显意识领域，如礁石露出海面一般。

从上述灵感直觉思维发生的全过程程序图中，我们还可以进一步概括出灵感直觉思维创新活动过程的一般阶段：

（1）显意识领域中逻辑思维的酝酿阶段。这个阶段无疑是在主体的显意识活动领域中进行的。在显意识领域中，人们会自觉地依据现有的知识经验和思维逻辑规则，对问题进行深入的逻辑思考，以寻找问题的答案。在这个过程中，往往因找不到解决问题的答案而陷入思维饱和状态的沉思困境。

（2）潜意识领域中思维诸因子自由碰撞阶段。这个阶段是在人的潜意识领域中进行的。主体在显意识领域中的思维运动通过逻辑思考所产生的新信息沉淀下来进入潜意识领域后，便继续展开主体所没有自我意识到的运动。这是一种在潜意识领域，各种新旧知识信息相互碰撞、相互作用而进行的自由的非线型思维运动。在这种潜意识领域中的思维非线性运动状态中会碰撞出思维灵感之光，使各种相关信息相互融合成具有新的意义的思维信息同构体雏形成果。

（3）涌现于显意识领域进行理论逻辑的描述、验证和完善的阶段。这就是说，主体必须迅速回到显意识领域，对潜意识领域中所形成的思维之新的思维信息雏形成果进行缜密的理论逻辑的描述、验证和完善，使之最终逐渐形成思维创新的知识成果。应该说，灵感直觉思维活动过程的这三个阶段是密切相关、缺一不可的。第一阶段是形成灵感直觉思维活动的前提和基础；第二阶段是第一阶段的深化与继续，是形成灵感直觉思维活动的重要的关键环节；第三阶段则是前二个阶段的最终完成与实现。它们共同组成灵感直觉思维创新活动全过程。

二

任何事物系统的运动变化和发展，总是具有其自身运动机制与规律。灵感直觉思维创新运动也不例外。它之所以形成这种独特的创造功能的高级复杂活动，这是由其自身运动的内在机制及其运动规律所规定了的。具体来说，灵感直觉思维创新运动具有以下主要机制。

1. 思维运动的选择机制

著名数学家彭加勒曾说过："发明就是鉴别、就是选择。"灵感直觉思维活动无论是在显意识阶段的逻辑运动，还是在潜意识阶段的自由碰撞运动，其思维诸要素的相互作用的运动客观上都遵循着选择方式。就其显意识活动阶段来讲，其思维运动选择性表现于主体按照确定的思维创新目标以及逻辑规范对诸思维信息进行有意识的自觉选择组合运动。就其潜意识活动阶段来看，其思维信息自由碰撞的选择运动，表现为主体无法自我意识到的"无意识"或"下意识"过程。这种存在于潜意识领域的"无意识"选择运动，实际上是其思维诸信息按照自身信息结构的本质意义进行自觉选择和重组运动的独特表现。这种选择方式在于，潜意识领域的诸思维信息在相互碰撞中，会遵循其相关信息同构性的本质意义进行同构吸引运动。这是一个本质上属于思维潜意识领域中的自组织过程。因此，这种潜意识阶段所进行的思维选择的"无意识"或"下意识"过程，本质上仍然是其思维潜意识领域中能动的自组织选择的必然性运动。灵感直觉思维活动诸信息之间之所以能形成思维选择运动机制，一方面是由于主体思维活动的自觉目的性和指向性所致；另一方面也根源于诸信息结构之间自身内在的相似性联系即同构性联系。正是由于这种诸信息结构之间存在着本质意义的相似性，就形成了诸信息之间自觉或"不自觉"地按照信息同构性质相互吸引、相互趋近的运动方式，从而就形成了其思维运动的选择机制。借助于思维活动的这种选择运动方式，某些相关的新旧信息在复杂广泛的思维活动境域中才能相互贯通、相互融汇、重组成具有创新意义的思维知识成果。

2. 思维运动的诱导机制

与其思维运动的选择机制相联系，灵感直觉思维创新活动还具有自身思维运动的诱导机制。这种思维诱导不仅存在于其潜意识领域活动中，也存在它的显意识活动领域中。灵感直觉思维活动的重要阶段是在潜意识领域中进行的。如何从潜意识活动涌现于显意识领域，其关键的机制也在于它的思维诱导方式。所谓思维的诱导，实际上是指作为主体的思维信息体促使另一客体的思维信息体向自身意义进行过渡与转化的过程。诸思维信息之所以能产生彼此过渡与转化的诱导过程，仍根源于二者存在着本质意义的相似性——既相同又相异的特性。思维的诱导与思维的超越、跃迁还是不同的。前者本质上是主体信息吸引客体信息向自身意义层面的过渡与转化，而且大部分是在相同层次上进行的。后者则是主体信息自身向另一客体信息层面进行过渡与转化，而且大部分是由低级向另一高级层面上的跨越、过渡与转化。但思维的诱导是思维超越的基础，没有客体信息的诱导，就没有主体信息的超越与跃迁。思维信息的诱导运动方式的存在是多方面的，有思维层面的诱导，有思维信息意义的诱导，等等。它是灵感直觉活动中思维诸要素相互碰撞、相互沟通的重要动因。借助于思维的诱导，一方面在潜意识领域内和显意识领域内，其各种相关的知识信息之间才能彼此相互碰撞、相互贯通和相互融合；另一方面也使得潜意识与显意识领域之间产生相互贯通、相互作用，从而形成完整的灵感直觉思维创新活动过程。思维的诱导是以思维诱因为其先决条件的。一般说来，思维相似信息（如前例中所讲的"蛇形"）容易成为思维的诱因。而思维新旧信息之间的相似性或共同性则是产生思维诱导过程的契机。

3. 思维直觉的高级简化统摄运动机制

灵感直觉思维作为一种创造性的思维活动，并不是一种在思维狭窄领域中进行的单向的简单过程，而是思维诸因子多层次、多维度的相互交融的高级思维运动。当思维运动达到一定饱和度时，由于思维直觉力的作用，就形成一种思维瞬间的高级简化统摄运动机制。这种思维运动机制功能特点是：它侧重于把握思维目标的整体本质，而不拘泥于其某些思维细节、不停滞于某些思维方面或某些阶段。它可以迅速越过某些具体细节、某些个别方面或层面而直接统摄和把握思维对象的整体的深层本质。它获得的是思维结果的新意义，而对其具体的细节和过程则忽略了、简化了，从而呈现出思维直觉力在其思维统摄运动中迅速跳跃性的特征。值得说明的是，形成这种思维简化统摄运动机制的直觉能力也不是神秘不可知的。它是主体在不断理解、综合各种思维信息之间本质联系的反复训练的基础上所形成的高级思维自觉能力。

4. 思维跃迁上升运动机制

与上述思维诱导机制和思维直觉简化运动机制相联系，灵感直觉思维还具有自身跃迁上升运动机制。它是在前两种运动机制的基础上所形成的重要的高级思维运动机制。这种思维运动机制反映了灵感直觉思维这样一种运动的必然特性：即在思维诸信息自由碰撞的运动过程中，思维问题信息受某种相关信息的诱导，在思维直觉简化能力的驱使下，便突破自身原有思维信息框架的限制，于瞬息间迅速向另一高层次的思维信息境域而跃越，在新的信息境域自身豁然开朗、茅塞顿开，而与新的相关信息相互贯通融合，从而形成具有创新意义的思维信息成果，使思维问题最终获得解决。在灵感直觉思维活动中，这一思维跃迁上升过程是其运动所不可缺少的必然环节，没有这个环节就没有灵感直觉的顿悟。爱因斯坦在给索洛文的信中曾以图示来说明科学发现过程中思维灵感直觉的必然性："（1）E（直接经验）是已知的。（2）A 是假设或者公理……A 是以 E 为基础的，但是在 A 同 E 之间不存在任何必然的逻辑联系，都只有一个不是必然的直觉的（心理）联系……（3）由 A 通过逻辑道路推导出个别的结论 S。S 可以假定它是正确的。（4）S 然后可以同 E 联系（用实验验证），进一步实际上也是属于超逻辑（直觉的），因为 S 中出现的概念同直接经验 E 之间不存在必然的逻辑联系。"[3]实际上，爱因斯坦在这图示说明中已经提出了灵感直觉思维活动的跃迁上升运动机制的观点。因为，在爱因斯坦看来，从 E 的经验到 A 的公理不存在必然逻辑的渐进联系，是两个不同的思维层次，但由 E 经验达到 A 公理，可以通过思维的非逻辑的直觉过程来实现，即凭借思维的直觉可以突破 E 经验层面限制、直接跃入而上升到 A 公理层面。这显然就是一个非逻辑性的思维跃迁上升的直觉顿悟过程。没有这种思维的非逻辑的跃迁上升的飞跃环节，显然就不会达到公理命题的思维层次。因此，根据我们的理解，我们把上述爱因斯坦的图示说明进一步概括为关于灵感直觉思维的跃迁上升运动过程。在这种思维跃迁上升过程中，必然存在着以下运动特性：即：（1）思维运动的突破性。这就是说，思维跃迁上升运动的开始在于它必须首先打破自身思维信息层次的束缚、突破思维信息原有层面的限制，才能进一步启动和进行思维的跃迁上升运动。（2）思维运动的超越性。这是指在思维突破的基础上向新的思维高层次领域超越、前进和上升。思维的突破是思维超越的基础，思维的超越是思维突破的上升运动之继续。没有思维的突破，就不可能有思维的超越；没有思维的超越，也就不可能完成突破，实现突破。

5. 思维运动的重构机制

这就说，在灵感直觉思维活动过程中，思维诸信息的相互碰撞，并通过思维的突破、超越和跃迁上升运动，必然会使得思维新旧信息所包含的合理意义在新的层面上进行思维重组建构运动，使之意义不断得以丰富和发展，从而最终形成灵感直觉思维的新奇独特的知识成果。

上述灵感直觉思维运动的内在机制，实际上也反映了其思维运动的规律性。事物运动规律范畴从某种意义上说，实际上是反映了其运动机制的内在必然性。因此，从上述关于灵感直觉思维运动内在机制的论述中，我们可以进一步概括出以下灵感直觉思维创新活动的基本规律。

1. 显意识与潜意识互渗贯通律

这个思维活动规律的内容在于，它揭示了灵感直觉思维过程中显意识与潜意识相互作用、相互贯通的内在运动必然性。这也就是说，任何灵感直觉思维作为一种独特的思维创新活动，本质上就是潜意识与显意识相互作用和相互贯通的整体过程。它的发生和发展都离不开这二者有机的互渗贯通。过去由于人们对思维活动的研究只局限于显意识领域因而对灵感直觉思维活动的潜意识神秘性，采取简单否定的态度而把它排斥于研究活动之外。随着科学研究的发展，由于潜意识概念的引入，从而就揭示了其潜意识神秘活动的真实本质及其与显意识相互贯通的运动必然性。值得强调的是，潜意识与显意识的互渗贯通运动不仅存在于主体的梦境思维状态，也存在于主体非梦境的思维松弛状态，诸如自由散步、漫谈聊天等状态。简言之，没有显意识与潜意识二者互渗贯通活动，就不可能形成灵感直觉思维这种独特的思维创新活动形式。

2. 思维互补综合重构律

这个规律在于它揭示了灵感直觉思维如前所述，作为一种创新思维活动，本质上是由各种思维信息、各种思维运动能力及其思维潜意识与显意识等领域相互作用、相互补充、综合建构的必然过程。这种思维互补综合重构过程是一个具有内在必然联系的活动。思维互补是其基础。它作为创造性思维活动，必然存在着诸思维要素、诸方面、诸环节等不同意义上的互相作用；而思维的相互作用必然会导致其相互补充；而思维的相互补充必然会形成思维信息内容的相互贯通与综合；而思维内容的相互贯通与综合又必然引起在新的层次上的思维重组建构活动，从而最终结成思维创新的知识成果。要说明的是，灵感直觉思维活动这一规律所揭示的思维互补综合重构性是多方面的，它既表现于显意识与潜意识之间的互补综合重构；也表现为不同思维信息之间在同一层次或不同层次上的互补综合重构；还可表现为各种思维能力的互补综合，等等。总之，思维的互补综合重构性是灵感直觉思维活动规律所揭示的运动必然性。

3. 思维无序与有序协同整合律

这种思维运动规律内容在于，它揭示了灵感直觉思维作为一个整体性思维创造过程是一个思维无序与有序相互协同整合的过程。任何灵感直觉思维活动本质上并不是一个自始至终而自觉遵循逻辑思维的单向活动，而是一个包含无序性与有序性于一体的逻辑与非逻辑相统一的过程。它作为一个整体思维创造过程，必然要经过思维无序化非线型创造活动阶段，才能进一步形成有序化创造性思维过程及其成果。正是由于在思维诸信息相互碰撞的"大风暴漩涡"中非线型的全方位、多层次的自由活泼的无序化创造活跃状态，才打破了各自原有思维框架的束缚、突破了某种僵化的限制，才能迸发出创造的灵感之光，进一步形成有序性组合、验证和完善的思维创造过程及其新奇成果。显然，没有这种思维无序创造状态，就不可能形成新层次上的有序性创造过程及其成果。正如耗散结构理论所证明的，"无序是有序之源"，有序来自于无序。因此，从思维整体创造全过程来看，灵感直觉思维活动就是有序与无序相互协同整合的必然过程。

4. 思维诱导突破跃迁上升运动律

这种思维运动基本规律在于揭示了灵感直觉思维创造活动所具有的思维诱导、突破、跃迁、上升运动的内在机制及其体现这一机制特征的运动的必然性。在灵感直觉思维活动中必然存在着思维诱导和突破的运动。没有这种思维的诱导和突破，就不可能形成思维信息之间的相互碰撞，就不可能使各自思维要素突破自身限制而彼此相互贯通融合，也就无法产生灵感直觉之光；思维的诱导和突破又会形成思维跃迁上升的必然运动。没有这种思维跃迁上升运动，就永远使思维活动停留在原有的旧层面，也就不可能使思维认识深化、上升到新层面，也就无法形成新奇的思维成果。灵感直觉思维活动之所以成为一种独特新奇的思维活动形式，在于它是一种"另辟蹊径"、"蓦然回首"、"却在灯光阑珊处"的灵通顿悟、茅塞顿开、豁然开朗的思维状态。而这种思维状态又是由其思维活动内部所具有的思维诱导、突破、跃迁、上升的运动必然性所决定的。此外，灵感直觉思维诱导突破跃迁上升运动规律还揭示了灵感直觉思维活动所固有的质变飞跃状态的必然性特征。从某一具体思维活动全过程来看，灵感直觉思维的形成和发展，是一个"长期酝酿、偶尔得之"的过程。是思维量变与质变辩证统一的过程。灵感直觉思维的"顿悟"作为其思维质变飞跃状态，是体现和巩固其量变发展成果的质变飞跃，具有特殊意义。没有这种质变飞跃，就没有科学的发现。而灵感直觉思维这种质变飞跃状态本质上反映了其活动内容所具有的思维诱导、突破、跃迁上升运动的内在必然性。

参考文献：

[1] 波尔：《原子物理学和人类知识》，商务印书馆 1978 年版，第 118 页。

[2] 刘奎林，杨春鼎：《思维科学导论》，中国工人出版社 1989 年版，第 12 页。

[3] 《爱因斯坦文集》第 1 卷，许良英等编译，商务印书馆 1979 年版，第 541 页。

[4] 普里高津：《从存在到演化》，北京自然杂志 1980 年版，第 1 页。

（原文发表于《晋阳学刊》，2007 年第 6 期，这次略作补充修改）

附录 3

论思维创新社会活动发展的基本阶段

　　21 世纪无疑将是知识高度综合、创新发展的知识经济时代。创新将成为未来社会的重要时代特征和人的实践特征。而创新的核心与本质在于思维创新。没有人的思维创新，就不可能有其他形式的创新。思维创新将成为人们日益关注的重要问题。

　　人作为社会化活动存在物，其思维乃至思维创新无疑也必然是一个社会化活动过程。马克思曾经深刻地指出，"意识一开始就是社会的产物，而且只要人们存在着，它就仍然是这种产物"[1]。因此，我们不难理解，思维创新不仅仅是一种个体现象，更重要的是一种社会历史活动过程，或者说，将思维创新作为一种社会活动系统来研究，应该成为我们思维学研究的重要新领域。

　　本文就是基于这种认识，把人类的思维创新活动作为一个社会历史活动过程来进行考察，力图提示其社会演化过程的基本阶段及其每一阶段的活动内容、运动特征及其相互关系。总的说来，人类思维创新的社会历史活动经历了三个基本发展阶段，即潜思维、趋显思维和显思维。对之，我们将进行以下具体的深入分析。

一

　　人类的思维创新的社会活动首先是从其潜思维活动阶段开始的。所谓思维创新的潜思维活动阶段，是指特定的思维创新社会活动过程中的孕育形成阶段。同任何事物的发展首先是以自身萌芽状态的潜在期为自身存在第一阶段一样，人类思维创新的社会活动过程也以其潜思维阶段为自身发展的第一阶段。人类思维创新的社会活动又总是从个体的思维创造活动开始的。换句话讲，特定的个体或极少数群体创新思维就成为宏观创新思维社会活动过程的起点或潜在阶段。因此，创新思维活动的潜思维范畴，本质上就是对个体或极少数群体创新思维活动的社会表征状态之规定。人类思维创新社会活动的潜思维阶段，就其作为个体思维创新活动来说，其活动内容主要包含了以下具体环节：

1. 思维构思准备阶段

它以思维问题的提供和思维目标的确立为主要标志。这是一个以搜集信息和分析知识材料、以便发现问题、确立思维目标为活动内容的过程。任何具体的思维创新活动，首先是以发现思维问题、确立思维目标的活动作为开始的。因此，发现思维问题、确立思维目标，就成为创新思维活动"潜思维"阶段活动内容的重要标志。

2. 思维酝酿思索的创造阶段

它以形成特定的创新思维成果雏形为主要活动内容。在这个活动阶段中，个体主体或极少数群体主体发挥各种思维能力对思维问题进行多层次、多方面、多角度地分析与探讨。它不仅涉及显意识领域，而且会涉及潜意识领域；它不仅会运用抽象逻辑思维活动形式，而且会运用形象思维，灵感直觉思维等活动形式；这是一个各种思维知识信息自由碰撞组合的"头脑风暴"式思维的创造过程，它经过思维有序性的整合，最后逐渐形成一个带有新知意义的思维成果雏形。

3. 思维验证完善化阶段

它以思维创新成果雏形得以补充和完善为主要活动内容。一般来讲，创造出来的思维知识成果雏形必然会具有一定程度上的粗简性和不完善性，是一种科学的猜测或假说，需要经过逻辑的证明和完善化的过程，才能成为成熟的科学知识新成果。这个思维验证过程是在两个层面上进行的：一是在理论思维空间，运用理论逻辑进行检验，二是在科学实验或实践层面上进行验证。因为理论上的验证还不是最终的证明，还必须回到特定的科学实验或实践活动中加以确证，这两种意义上的检验证明是可以互相补充、结合在一起的，从而共同形成严格的完善化的检验证明系统。

人类思维创新社会活动的潜思维活动阶段，也必然具有自身的思维运动特征。

1. 个体主体的思维探索性

思维知识的创新与发现总是一个由小到大、由弱到强、由个别走向群体的社会历史过程。从思维主体意义上看，思维创新社会活动的潜思维阶段，首先就体现了思维主体的个体性特征。正是那些伟大的科学家个体，如牛顿、爱姻斯坦等凭自己聪明才智进行了艰苦的奋斗，为人类科学知识的发展做出了不可磨灭的个人贡献。潜思维活动作为思维创新社会活动的特定阶段，所涉及的往往又是新的思维问题领域，因此，它又体现着人类思维活动由已知领域向未知领域进发的思维探索性。这种思维探索活动当然属于以追求思维创新目标为己任的思维活动。但这种思维活动过程本身又带有很大成分的不确定性和风险性。

2. 思维活动的局部性、分散性和艰难性

人类思维创新社会活动的潜思维阶段作为个体思维活动的存往，又总是处在特定的社会思维活动环境之中。从性质上看，它代表了思维创新发展的方向，因此，它必然与传统的社会思维系统相冲突而往往遭到排斥和压制，从而使自身思维创新活动处于艰难境地。此外，从其所处的社会思维宏观层面来看，这种新质意义的潜思维活动又总时被暂时分散地局限于个体思维或极少数群体思维的创造活动中，处于总的量变过程中的局部性的部分质变活动阶段。

3. 思维活动的隐潜性及其成果的幼稚性

由于在潜思维活动阶段，创新思维的社会活动采取了个体活动存在形式而处于局部活动范围，因此，这种思维创新活动的功能影响，从社会宏观层面来看必然是微小的、非显著性的。其思维创新活动暂时处于社会思维活动底层的潜伏隐形状态，而并没有上升为社会思维主流、并没有成为社会思维运动的显著性表层状态。而且这种潜思维活动的创新成果由于所处的思维空间限制，对于个体思维活动来讲也许是成熟完善的，但从超出其个体的局部环境而置于广泛的社会思维空间来看，又往往显示出自身的不成熟性和一定程度上的幼稚性，需要在更大的社会思维空间环境的活动中不断加以补充和完善。

二

人类思维创新的社会活动经过了以个体思维活动为存在形式的潜思维发展阶段之后，便进入了趋显思维发展阶段。趋显思维活动范畴，是对思维创新社会活动处于潜思维与显思维这两个阶段之间的中介状态及其特征的思维规定。它作为中介发展环节，显然是指处于由社会潜思维向社会显思维转化的过渡阶段，同样具有自身活动的特定内容及其思维运动的外观特征。思维创新社会活动在趋显思维阶段进行着两个方面的运动：一是个体思维创新活动摆脱了潜思维形态，开始转化为走向群体思维、走向社会思维的社会化显性运动状态；二是社会思维系统结构由原来的稳定态走向非稳定态的无序性嬗变生成状态。这两方面的思维运动状态总是交织在一起的。

因此，人类思维创新社会活动由潜思维阶段进入趋显思维阶段，实际上意味着创新思维活动由相对狭窄的活动领域进入到了一个更为广阔的社会思维活动空间。其思维创新活动无论在深度上还是广度上都进入迅速蓬勃发展的阶段。就趋显思维阶段活动内容来看，主要有以下基本层次。

1. 个体思维创新活动之间和群体创新思维活动之间进行着互补交流的创新性社会运动，出现了不同学派

潜思维创新活动成果进入趋显思维活动阶段，就像一枚炸弹投放到社会思维系统，掀起了社会思维场的风暴与震荡。各种思维创新主体由此便展开了相互作用的思维创新运动。在这个过程中，思维创新由个体

的思维活动状态开始了向群体化思维创新活动状态转化的社会化过程，即它通过一定的媒介工具和传播方式，将自身创新思维成果推向社会而进入社会思维系统，在更为广阔的社会思维活动空间中引发了各种思维创新主体的重新组合运动，从而出现了不同主体的思维创新活动之间相互交流、相互补充的非线性运动，出现了不同的学派组织及其学术观点的相互争论与相互融合的思维互补运动。这是一个各种思维创新主体相互作用、相互促进，共同创造思维知识新成果的生机蓬勃发展的局面。

2. 创新思维与传统思维之间处于相互抗争与交锋的矛盾冲突状态

趋显思维活动阶段是一个各种思维主体苏醒后而活跃的阶段。它们经过长期的思维稳定态之后由于潜思维阶段所形成的新思维成果的介入及其效应影响而受到了激烈震荡，从而唤醒了各种思维活动主体，卷起了一场思维知识信息大碰撞的思维风暴旋涡运动：从思维知识性质上来看，基本上可分为两种：一种是属于创新思维活动范畴的诸思维运动；另一种是属于传统思维活动范畴的诸思维运动，这是两种不同性质的思维运动潮流。一般来讲，前者是从潜思维阶段发展而来的，代表着思维创新发展的趋势和方向，是积极的、革命的和先进的思维因素；后者则属于原有的传统社会思维范式活动内容，相对而言是消极的、保守的和落后的思维因素。因此，这两种性质的思维潮流必然彼此进行相互斗争、相互交锋和相互冲突的思维运动。这是一种二者既相互对抗、相互排斥又相互依赖和相互补充的运动过程，是一种创新思维逐步战胜和扬弃传统思维而上升为社会思维系统结构中主流层面的思想斗争过程。

3. 科学的伯乐认同或科学蒙难出现的社会评价活动

思维创新的社会活动由潜思维阶段进入趋显思维阶段，就个体创新思维活动来讲，是一个走向群体、走向社会从而使自身得以推广、传播和完善的思维社会化过程；而从社会思维意义来讲，则是一个社会思维系统对潜思维阶段的个体创新思维成果进行判定、审视和检验的过程。因此，趋显思维阶段可以说是社会思维系统对个体创新思维成果进行社会评价活动的过程。而"科学理论的评价是一种复杂的综合性的历史活动"，"实际进行评价的是其中被称为权威的那个层次"，"科学权威最主要的作用就是科学评价，这是整个评价活动的中坚"[2]。学术评价活动的权威性本身也是绝对与相对的统一。这里讲的相对是指他们总具有一定历史局限性而并不是所有的判定、评价都是绝对正确的。由于学术权威评价的这种二重性，使得他们在学术评价活动中可能会产生以下两个方面的社会作用：

（1）是积极的社会作用。即这些学术权威能够客观地肯定、认同和推广个体创新思维活动及其成果，并推荐、选拔和重用具有创新思维的创造性人才，促进人类创新思维活动进一步完善与发展。这种积极的社会作用属于"科学伯乐"行为。它无疑积极推动了创新思维由"潜"向"显"的转化与过渡。

（2）是消极的社会作用。即漠视、否定、甚至压制和扼杀创新思维活动及其成果，导致科学发现史上的悲剧即"科学蒙难"现象的发生。所谓科学蒙难是指在科学发现活动的历史过程中由于种种原因，使某些科学发现成果得不到学术权威及时公正的承认，在传播和运用方面受到限制和压制，甚至使科学发明者本人遭受身心磨难的社会现象。从思维创新活动意义上来讲，就是意味着创新思维成果在传播与运用发展过程中遭受压制与扼杀，就是表明创新思维活动在趋显思维阶段的中断或消失，是其创新思维的社会活动没有实现由"潜"向"显"转化的一种失败。造成"科学蒙难"的原因无疑是多方面的。从客观上讲，创新思维成果本身的真理性和价值性，有一个逐渐暴露、完善和发展的过程。从主观上讲，学术权威的评价受自身认识水平及其阶级立场等社会条件的局限。正如列宁所讲的，"如果数学上的定理一旦触犯了人们利益（更确切地说，触犯阶级斗争中的阶级利益），这些定理也会遭受强烈反对。"[3]由此可见，创新思维在趋显思维阶段被验证与评价的社会活动是一个充满矛盾冲突的艰难复杂过程。

人类创新思维的社会活动在趋显思维阶段的这种充满各种矛盾冲突活动内容之变化，也必然从其社会思维外观形态上反映出来，从而使自身存在状态具有相应的思维表现特征。这主要表现在以下几点。

1. 社会思维活动的无序性

在潜思维阶段,虽然个体创新思维活动属于带有反传统思维叛逆性质的部分质变活动,但其整个社会宏观思维活动层面还是处于原有基础上的有序性的平衡状态。而进入趋显思维阶段后,由于个体思维创新活动向群体化思维创新运动的转换与搅动,便引起了整个社会思维系统的"风暴"式震荡,从而打乱了原有社会思维系统结构模式,各种思维观点和潮流纷纷卷入了相互争论、相互碰撞、交流互补的运动状态。于是在整个社会宏观思维活动层面上,便必然出现了各种思维创新观点上下纵横、自由碰撞、交互融合、自由重组的无序性变动状。

2. 社会思维创新的活跃性

上述这种社会思维活动的无序性状态,实际上也表明了其思维创新活动进入了更广阔的社会宏观领域阶段,展示了思维创新的生机与活力。这主要是从两种意义上讲的。一是这种社会创新思维无序性的震荡活动意味着打破了传统社会思维系统模式结构的束缚,形成了思维知识信息自由组合的社会思维创新环境,有利于思维创新的进一步纵深发展。二是这种思维自由组合的社会文化环境,有利于个体创新思维在群体化过程中,不断与其他思维创新活动因素进行贯通、同化和互补,并根据更为广阔的社会思维背景的变化而不断调整自身的思维创新结构与方式,从而使自身创新思维体系更为完善、更为丰富。

3. 创新思维活动的公开化、社会化的趋显性

在潜思维阶段,创新思维只局限于个体思维的隐潜性活动状态。而进入趋显思维阶段后,传统的社会思维系统模式结构遭到了颠覆与破坏而进入解体过程。各种思维创新知识信息在创新思维由个体走向群体化的过程中,受其他思维创新信息的诱发和撞击而纷纷自觉或不自觉地参与了相互作用、相互补充和相互融合的社会创新活动:因此,无数个体思维创新活动就形成了社会创新思维整体的"合力"共振状态。显然,与潜思维活动阶段相比,趋显思维活动阶段实际上表明了思维创新社会

活动已进入了日趋公开化和社会化的发展阶段。

4. 质变基础上量的扩张性

如果说，在潜思维阶段，创新思维活动只属于局部性的部分质变，而其社会思维处于总的量变状态中仍保持原有性质不变的话。那么，趋显思维阶段则表明了整个社会思维系统模式结构正发生着性质上的变化，即旧的社会思维系统模式结构正处于解体过程之中，思维创新活动由个体开始了群体化、社会化过程。因此，趋显思维阶段的发展过程，就是一个创新思维活动不断壮大发展的过程，或者说是创新思维活动在质变基础上进行量的扩张过程。

三

创新思维的社会活动经过趋显思维阶段后，便进入了它的第三个发展阶段即显思维阶段。这是创新思维社会活动发展的最高阶段，也是它相对意义的社会完成形态。

如果说趋显思维阶段的创新思维主要处于自由碰撞的"风暴"式无序性状态的话，那么，显思维阶段的创新思维活动则主要处于有序性状态，是对前二阶段创新思维活动进行总结、整理、建构与整合的完善过程。其思维创新活动内容主要有以下基本层次。

1. 创新思维的互补同化建构性社会整合运动

建构作为思维活动的方式具有不同层次的意义。在趋显思维的过渡转化阶段，思维的建构主要处于自由碰撞的无序状态，具有无数的个体性和无序性。或者说，趋显思维阶段的思维创新建构主要是在无序性状态中进行的。而在显思维阶段，创新思维的建构则是处在社会整体思维的有序性状态中进行，属于一种社会化思维有序性整合过程。这也就是说，在显思维阶段，由于各种思维创新的知识信息经过了质变阶段后，便在新的层次上进行进一步的相互补充、相互同化、相互贯通和相互融合的有序性整合运动，从而建构成具有新层次的社会思维系统模式结构，即新的社会思维有序性稳定状态。

2. 社会思维方式的革命和新的社会思维范式的确立

所谓社会思维方式的革命，也叫社会思维方式的变革。它是对人类创新思维活动历史发展过程中社会思维整体结构模式的根本性转换，以形成新的思维范式的剧变过程的思维规定。社会思维范式就是指一个时代的社会思维规范模式。它具有时代性、民族性和思维功能制约性。思维方式革命的实质就是对原有社会思维范式进行转换并确立新的社会思维范式。因此，思维范式既是思维方式革命的对象，又是思维方式革命的内容和目标。社会创新思维活动由趋显思维阶段进入显思维阶段后，其相互补充、相互融合的思维创新运动状态经过充分社会化发展，就必然会形成整体上的社会创新思维的全面运动，从而实现由传统社会思维范式向新的社会思维范式转变的思维方式革命。简言之，实现思维方式革命，确立新的社会思维范式是显思维阶段活动的重要内容，也是创新思维社会活动作为相对意义上的完成形态的重要标志。

3. 新的社会思维范式的社会化功能运动

新的社会思维范式一旦确立，就必然会形成自身的功能运动。显思维阶段的"显"，实际上就是一种对该阶段所有主体都遵循新的社会思维规范、以新的社会思维范式展开思维活动的社会化显性状态的表征。换句话讲，在这个显思维阶段，任何主体都普遍地遵循新的思维范式而进行思维创新活动。而这种思维创新活动的显化状态又是凭借新的社会思维范式的功能运动来进行的。在显思维阶段，新的社会思维范式根源于新的社会思维系统结构的众多个体思维创新活动的相互作用，是它们共同融合、高度集约而成的核心成果，因而它与其众多创新思维个体具有本质上的同构联系和相容性。由于这种彼此相容的思维联系，它必然又会以自身思维的新规范来进一步去调控、统摄和指导社会思维系统结构中不同层次、不同主体的思维创新活动，从而赋予这些众多的社会个体思维创新活动以新的思维范式之特色。这种影响、制约和规范众多社会个体思维创新活动的过程，就是新的社会思维范式自身功能化运动过程。正如马克思说的，"这是一种普照的光，一切其他色彩都隐没在其中。它使它们的特点变了样。"[4]这种制约、统摄、规范和指导众多社会个体思维创新的功能运动，并不是个别的偶然现象，而是一种普遍必然的功能化社会运动。因为新的社会思维范式之功能是一种"普照之光"，它照亮了整个社会思维活动空间，从而使所有不同主体的创新思维活动得以发扬光大，并展示这种新的社会思维范式之特色。因此，这种新思维范式的社会化功能运动就成为显思维活动阶段的重要内容和独特景观。

显思维活动阶段，从其思维外观表现形态来看，也具有自身思维的社会运动特征。这主要体现在以下几点：

1. 创新思维活动的社会有序性

如前所述，趋显思维阶段主要是处于思维创新活动自由碰撞的无序化状态。因此，创新思维的无序性运动就构成了趋显思维阶段的主要外观特征。思维创新社会活动发展到显思维阶段就由无序状态进入了有序化状态。这是因为，在显思维阶段实现了社会思维方式的革命，确立了新的社会思维范式，并借助这种新的思维范式功能运动的调控和制约，便在新的社会活动层面上形成了以新的社会思维范式为核心的各种创新思维活动相互补充、相互协同的有序化社会思维系统运动。

2. 创新思维社会活动的充分显态性和自觉性

在趋显思维过渡阶段，思维创新的社会活动虽然具有某些"显"性特征，但却是过渡性的和不充分的，存在一定程度上的非自觉性。而在显思维活动阶段，不同主体的创新思维活动已经普遍地自觉遵循了新的社会思维范式的调控、规范与指导作用。因此，其思维创新的社会化活动便具有了充分性、显著性和自觉性，从而使创新思维活动得到了更为明显的强化，成为了充分社会化的自觉活动过程。

3. 创新思维社会活动的质变完成状态

趋显思维阶段那种创新的无序状态，只是表明其思维质变活动处于进行状态，而并不意味着思维创新质变的完成与结束。只有到了显思维阶段，由于实现了社会思维方式的革命，确立了以新的思维范式为核心的新的社会思维系统模式有序性稳定态，才表明了创新思维的社会活动基本上完成了由"潜"到"显"的转化过程，完成了它的社会思维质变状态。当然，这种思维创新质变的完成或结束只是相对的而不是绝对的。

人类创新思维社会活动发展的这三个阶段是相互依赖、相互贯通的辩证统一关系。潜思维是整个创新思维社会历史活动发展的基础与出发点；它自身的思维创新活动状况规定了创新思维社会历史活动的生长点及其发展方向。趋显思维作为由"潜"到"显"的中介环节，它既是对前阶段发展的确证与实现，又是过渡到后阶段发展的直接基础。显思维是对前两个思维创新阶段发展内容的最终确证与实现；同时也是在更高基础上综合了前两个阶段创新思维活动的积极因素、克服了各自片面因素的否定之否定阶段，是对前两个阶段思维创新成果的扬弃；由此便形成了创新思维社会历史活动的否定之否定的辩证发展过程，并为新的思维创新社会历史活动的周期运动提供了新的基础和出发点。

参考文献：

［1］《马克思恩格斯选集》第 1 卷，人民出版社 1995 年第二版，第 81 页。

［2］沈铭贤等：《科学哲学导沦》，上海教育出版社 1991 年版，第 166 页。

［3］《列宁全集》第 20 卷，人民出版社 1972 年版，第 194 页。

［4］《马克思恩格斯选集》第 3 卷人民出版社 1995 年第二版，第 109 页。

（原文发表于《北京师范大学学报》2008 年第 5 期，这次略作补充修改）

后　记

　　现代社会生活表明，人类的未来社会时代将毫无疑问地进入知识经济时代。知识经济是以知识为主体要素的新型经济形态。知识经济从本质上来说是以知识创新为重要特征的经济形态。其实，从某种意义上讲，人类社会发展的历史文化本质就是一个知识不断创新发展的历史过程。因此，知识创新研究将成为我们人类社会日益关注的永恒问题。

　　知识创新问题也成了我个人近年来研究的重要问题。从上世纪80年代起，我就开始了包括创新思维在内的思维科学研究与教学，在这方面研究积累了较丰富的经验与成果。随着自己研究方向的深入与拓展，本世纪初我对知识创新领域产生了研究兴趣，于是开始了对这一领域的研究。虽然说知识创新是一个复杂的社会活动过程，但正如人的任何社会活动都有着实践层面和认识层面一样，知识创新社会活动也有一个重要的认识活动层面，而知识创新作为主体的认识活动层面，其内在本质就在于它的思维活动层面。因此，我就选择了从思维活动角度来探讨知识创新问题。2002年我从湖南师范大学调入上海市委党校后，就向学校申请了"知识创新的思维学研究"的课题，并在《求索》、《湖南师范大学学报》、《衡阳师范学院学报》、《系统辩证学学报》、《晋阳学刊》、《光明日报》、《湖湘论坛》等刊物上发表了有关这方面的研究成果，还出版了这方面的专著。随着研究的深

入，我认识到，知识创新作为一种思维活动过程，其本质是作为一种系统性思维活动而存在的。它具有典型的系统思维活动特征和功能特性。因此，如果不能从系统思维视角对知识创新活动进行深层次的分析，这不能不说是一种缺陷或遗憾。本拙著就是属于从系统思维角度对知识创新活动进行研究的一种尝试。由于时间仓促，加之笔者水平有限，拙著难免会存在许多不尽如人意之处和错误，敬请大家予以批评指正

　　本书的写作参考了国内外有关学者的研究资料。在此一并表示真诚的谢意！

作　者